U0141180

藍學堂

學習·奇趣·輕鬆讀

一 本 書
讀 懂 美 元

白釋鉉———著　陳柏蓁———譯

9堂課解析美元邏輯，如何影響全球經濟和每個人的投資

나는 달러로
경제를 읽는다

백석현

目次

第3篇　美元與國際貿易

推薦序
不可不知的全球資金風向球──美元

BigEcon 財經團隊

　　看完此書，讀者對於全球金融市場的理解，基本上可以排在投資人前段班。

　　談到美元，自然離不開美國自身的利率、經濟興衰、各國之間的利差變化及貿易的影響。作者透過各種歷史事件及現實中常見的案例，帶我們輕鬆進入國際金流的世界。從基礎背景知識、投資理論與實務，再到國際貿易中各項經濟數據的變化，使不同程度的讀者皆能有所收穫。可說是以最直接易懂的方式，結合理論與現實，針對許多人認為艱澀難懂的美元議題，做出精彩的闡述。

　　多數人對於美元的了解，多從外幣升貶、海外商品投資或投資中觀察美元指數與利率變化等主題切入。但即使理解了美元的波動，對其背後所涉及的層面以及長期影響，未必能透徹；此書正可以補足這些不足，包括影響美元匯率的基本因素、經濟層面及政策對匯率的影響，進而探討投資人常關注的通膨數據、聯準會利率政策、股市與美元變動的關係等內容。全書由淺入深，完整建構出投資美元應具備的專業知識。

　　投資是看長期的，而非短視近利。台灣股市熱絡且發達，許多投

資人在初入市場後即將目光鎖定於個股及 ETF，對美元、匯率、利率等更大的資金市場，卻鮮有了解。雖然匯率相關商品在短期內不易出現顯著價格波動，但從長遠投資角度來看，將全球資金風向球——美元，作為資產配置、避險資產或參考指標，肯定是利大於弊。作者同時也解析了如何投資美元、應採取的方式與心態，以及合適的進出場時機，足以輔助多數人進行美元投資的決策。

對美元還不夠了解的人，此時正是學習的最佳時機。2025 年美國新任總統川普上任，其對於「美國優先」、振興製造業及重塑貿易結構的態度，在金融圈已是人盡皆知，且被視為一大變數。未來的利率、匯率與經濟議題，勢必引發金融市場更大的波動及預期心理的變化。因此，2025 年後的投資，若對美元認識不夠深入，很可能會陷入「見樹不見林」的窘境。此外，目前貿易壁壘與國際政治角力正推動生產製造業進入「去全球化」階段，其所導致的通貨膨脹壓力，也是驅動美元強弱的關鍵因素。

就 BigEcon 小編本身而言，小編擁有台灣所有金融相關證照，從執業的證券期貨分析師，到相對簡易的信託、內控、理財規劃等。其中外匯堪稱大魔王，也是小編認為最難的一科，因為許多進出口外匯及國際匯兌業務，一般人不會接觸到，實務上的外匯遠比匯率變化複雜得多。若能透過此書協助建構匯率相關知識，不僅能應考，甚至與專業人士閒聊或閱讀匯率、利率與國貿相關文章時，都能奠定足夠的基礎知識。

十分榮幸推薦此書，敬祝本書能為讀者帶來更多啟發！

作者序
致想多了解美元與匯率的讀者

　　「想釣魚，必須在有魚的地方才能釣。」（Fish where the fish are.）

　　這句話是查理・蒙格（Charlie Munger）在 2020 年說的名言。蒙格這位投資大師，將近一個世紀的人生在 2023 年初秋畫下句點[1]。蒙格建議投資人，如果真的釣不到，應該趕快換個地方。

　　沒錯，如果想賺錢，必須在有金錢流動的地方才有機會。正因為靠職場工作可期待的金錢收入已經固定了，在資本市場才會有許多覬覦機會的投資人。資本市場上有美元，全世界資本匯集之處、金流交會之處也有美元。美元流動的方向就是全世界金流的方向，美元的走向與世界經濟脈動有著密切關係，這個關係就是本書的主要架構。

　　世上沒有任何一件事情是簡單的。就像是每天都要走的通勤路線，不是每一趟車都有座位；終於到了辦公室，卻得看主管和同事的臉色做事，忙碌到懷疑人生；即便是日復一日反覆經手的業務，做起來一點也不輕鬆，甚至還有許多莫名其妙的事情如雪片般飛來。

1　譯註：傳奇投資大師查理・蒙格是波克夏海瑟威公司副董事長，生於 1924 年 1 月 1 日，於 2023 年 11 月 28 日逝世，享壽九十九歲。

　　為了逃離鬱悶的上班族生活，懷抱著夢想開始投資，卻發現市場上似乎有點冷清。詢問投資股票的友人，他們好像沒有從中獲得太大樂趣；看 YouTube 上的投資理財影片，雖然能知道金融市場的大概氣氛，卻不知道該如何下手，每個理財講師各有各的說法。不清楚自己有沒有投資天分，就算投資了，好像也沒辦法賺到很多錢；已經不太懂股票市場，如果還要看匯率或利率，這樣又更困難，算了，還是老老實實上班好了。這樣的想法經常在腦中浮現，尤其是在職場遇到挫折時，又會開始想要投資。

　　好不容易踏出了投資的第一步，收入卻沒有想像中的好，只要看到跌價就買，手上持有的股票種類愈來愈多。雖然整體結算虧錢，但只要其中一兩支股票有賺，又覺得似乎還有希望，看到近期大漲的股票立刻後悔之前沒買，猶豫是否現在也趕快進場補買一些。

　　投資的世界非常不簡單，股票、債券、美元，沒有一項是容易的。在資本主義的社會裡，小看金錢流向依然能過富裕生活的人絕對不多。股票市場、債券市場、外匯市場，都是有金錢流動的地方。

　　鮮少人會跳過股票市場與債券市場，直接切入分析外匯市場，不過長期投資下來就會發現，從事投資無法忽視外匯市場與美元的價格走勢。就算是對投資沒興趣的人，也還是會因為準備出國旅費、提供子女留學的學費與生活費等因素，必須留意匯率。在從事國際貿易的企業裡，國貿人員又必須以更專業的角度看待匯率。

　　筆者長期任職銀行的外匯部門，因而得知客戶對匯率的煩惱。不論是公司的國貿人員、資本家、一般民眾、財經記者，每次面對大家

的提問，總能感覺大家對匯率的認知不足、資訊獲得不易，也會聽到大家抱怨美元走勢，抱怨匯率變化比股價或利率都難。

不積跬步，無以致千里；不積小流，無以成江海。在接觸無數因為匯率而心情如洗三溫暖的客戶之後，我決定提筆寫一本與匯率有關的書，貢獻我的知識與經驗。

為了讓讀者容易接受本書傳遞的資訊，我依照讀者身分編排章節。前半部適合初學者、學生與投資人，後半部針對企業的國貿人員與財經記者，就不同對象常接觸的內容做深入探討。但是在美元與匯率的部分，我並未明確區分讀者類別，所以建議讀者由前往後依序閱讀，若行有餘力，而且對後面的主題也有興趣，才繼續看到最後。

第一篇針對金融領域的初學者與學生讀者，會提到比較有趣的美國歷史，舉簡單的例子讓讀者認識美元與匯率，也會談到匯率變動的原理、匯率與股價、匯率與利率的關係，探討何謂優質資產。中間較困難的部分則先簡單帶過，於後面單元再行討論。

第二篇雖然是針對投資人所寫，但是也會談論國貿人員想了解的內容，盡可能網羅經濟與金融市場的變數及相關主題，探討影響金融市場的心理因素。由於這部分涉及美元走勢與匯率，不是很容易理解的內容，建議投資人與國貿人員要先閱讀第一篇。

相對於前兩篇，第三篇內容較為艱深，也有比較冷門的主題，建議讀者參考目錄，挑選有興趣的主題閱讀即可。

接下來我將透過這本書，帶領帶大家進入美元的世界，一起看懂美元與匯率。

美元的基礎概念

| 第1堂課 |
我想持有美元

一百年的影響力

大約在 1920 年代，一百多年前的美國宛如今日的寫照，歐洲因戰爭飽受摧殘，美國卻是燦爛輝煌。查爾斯・林白（Charles Lindbergh，1902 ～ 1974）駕駛私人飛機飛越大西洋，一路從紐約飛到巴黎，成功寫下歷史紀錄，所到之處都有人潮圍觀；貝比・魯斯（Babe Ruth，1895 ～ 1948）是棒球選手，連續幾天都敲出全壘打。

1927 年紐約擠下倫敦，成為全世界人口最多的城市，摩天大樓林立，股票市場充斥著投機氣息。當時美國生產的物資占全球總量約 42%，尤其是電影產業，全世界有 80% 的電影是在美國製作，能同時發出聲音及影像的有聲電影上映，造成全世界轟動。美國文化藉由電影傳播到世界各地，成為大家的憧憬。除此之外，全世界的汽車也

有超過 85％是在美國生產 ② 。

　　沒錯，若說汽車是讓美國展現傲人經濟成長、進入輝煌時代的重要推手，一點也不為過。1907 年福特汽車（Ford）推出名為「Model T」的車款，改變了 1920 年代的美國風氣。汽車曾經是有錢人才能擁有的交通工具，但 1913 年福特汽車導入輸送帶（conveyor belt）系統，開啟了汽車的大量生產，使汽車售價大幅降低，因而能對大眾普及。汽車的普及讓女性的裝扮出現改變，女性為了不讓飄逸長髮妨礙開車，流行剪起短髮；為了展現駕車旅行的自由與方便，衣著風格開始講究實用性。美國女性積極參與社會，1920 年透過修法，女性也擁有參政權，有資格參加總統選舉。至於汽車，設計上也有相當大的改變，從沒有車頂的敞篷車、沒有車窗的汽車，發展成裝配了車頂與玻璃車窗的封閉式汽車，成為現代化汽車的基本架構。

　　在農業方面，類似曳引機的大型機具逐漸普及，有愈來愈多事情由機器取代人力，帶動生產力快速提升。現在除了人工智慧（AI，artificial intelligence）之外，還有一起帶動時代創新的工業機器人，如同 1920 年代自動化的發展過程。

　　當時大眾媒體（廣播與電影）的蓬勃發展，不禁讓人聯想到現在的 YouTube。YouTube 的出現開啟了個人傳播媒體時代。

　　美國的繁榮不止於此。儘管美國遙遙領先的優勢逐漸衰退，但

2　作者註：比爾・布萊森（Bill Bryson），《One Summer: America 1927》（那年夏天：美國 1927），由韓國烏鴉出版社（Kachi Publishing）翻譯出版，2014 年 7 月。

是經過一百年，今日帶動 AI 等科技創新的依然是美國企業。中國曾被認為經濟規模一定能追上美國，然而中國後來的經濟成長速度趨緩，導致 2023 年中國的名目經濟成長率以些微差距落後美國。雖然中國的實質經濟成長率預估仍接近美國的兩倍，但是通貨膨脹（inflation）抵消了兩國的差距。

特斯拉（Tesla）有如現代汽車產業的象徵，2007 年擔任董事會主席的伊隆·馬斯克（Elon Musk）趕走創辦人，自己坐上執行長的位置，2012 年推出「Model S」，正式開啟電動車的時代。Model S 目前依然持續改款，帶動汽車產業發展電動車的風氣。一百多年前電動車不敵內燃機引擎車，一度消失在市場上成為歷史，如今卻像神話一般，變成汽車產業的新成長動力。讓人不禁好奇，如果馬斯克沒有離開南非來到美國，現在的結果又會如何。

另一件我印象深刻的事件是西班牙流感（Spanish flu），堪稱二十世紀最嚴重的傳染病。經過了一百年，近期肆虐全球的新型冠狀病毒（COVID-19）有如當時的翻版。西班牙流感也是影響肺部的疾病，病毒的來源眾說紛紜，有一種說法是，第一起案例發生在美國堪薩斯州，並不是在西班牙。但為何西班牙會莫名其妙成為病毒的名稱？因為當時西班牙對戰爭發表中立宣言，只有西班牙未禁止媒體報導，成為新聞報導的主要發源地。西班牙流感第一次大流行是 1918 年春天，有人認為若不是爆發第一次世界大戰（1914 年 7 月～ 1918 年 11 月），西班牙流感只會發生在特定區域，不至於向外傳播。如同大家所知，新型冠狀病毒的起源地是中國，疾病大流行最後能獲得

控制，關鍵還是美國主導之下開發出的疫苗。

或許是一百年前的美國自信心過度強大，才會進行荒謬的社會學實驗。1920 年美國實施憲法修正案，發布歷史上有名的禁酒令，又名「卡普－沃爾斯特德法」（Capper-Volstead Act），禁止製造、銷售、進出口酒類。當時社會上過高的飲酒比例雖然是問題癥結，但美國政府實施禁酒令還有另一個目的，想杜絕酒商與政治人物勾結的腐敗風氣。然而禁酒令涵蓋的範圍太廣，酒精含量不得超過 0.5% 的標準過於嚴格，從一開始就滯礙難行。人類的欲望不是想壓抑就壓抑得住，儘管法律的立意良善，但執行上有違現實的法案只會招致反效果。美國的禁酒令在 1933 年就遭遇廢止的命運。

在禁酒令實施的十三年期間，彷彿不斷地挑戰所有想買醉的欲望，因而付出代價。實施禁酒令之後，美國兇殺案的件數增加了三分之一，幫派組織的犯罪率也明顯上升，善良百姓成為罪犯，也常有執行取締的人員遭到殺害，甚至還有執行取締的執法人員槍擊無辜百姓。除此之外，取締人員的薪資偏低也引發新的腐敗問題，最常見的就是取締人員沒收烈酒之後，又把酒重新賣給原所有人[3]。禁酒令反而讓酒成為行賄、收賄的工具，替警察與官僚賺更多錢。

禁酒令的實驗有許多不完備之處，以至於醫生能合法對病患開立

3　同註 2。

威士忌作為處方④。據說經常以威士忌作為處方的醫生也成為當時的高所得階層。

還有一些事情無法得知。1929 年美國發生經濟大蕭條，引發後來的 1933 年全球經濟大蕭條，類似的事件不知道是否會再次上演。馬克‧吐溫（Mark Twain）曾說：「歷史不會重演，但是會驚人的相似。」（History doesn't repeat itself, but it often rhymes.）相似事件會怎麼發生？目前距離這兩個事件發生滿一百年還有一些時間。

在過去的一百年裡，美國能主宰全球金融的最大關鍵是因為美元。國際金融與貨幣體系的權威 —— 巴里‧艾肯格林（Barry Eichengreen，1952 ～）認為，美元成為實質的國際準備貨幣是在第一次世界大戰之後；依然還是一百多年前。美國利用美元掌握全世界的經濟命脈；對外國人而言，美元透過美元兌本國貨幣匯率（如韓元兌美元匯率）展現自己的價值。

美元是否值得持有？如果非常仔細地觀察美元與經濟，看世界的眼光會不會更寬更廣？與美元有利害關係的人又該如何？連同其他議題在內，下個單元要正式進入美元與匯率的世界。

4　同註 2。

雖然匯率很難，還是想持有一些美元

「匯率？嗯，好像有點難……」

「美元？不太清楚耶，有的話當然好呀！」

這是一般人對匯率、美元普遍的想法，想聊匯率或想學匯率不容易切入，但是提到美元，通常還是會想持有。美國曾經發行**面額 2 美元的紙鈔，被視為可帶來好運**，成為非常受歡迎的小禮物。美國也

象徵幸運的 2 美元紙鈔

不過，也有人認為 2 美元紙鈔無法帶來好運，反而會招來厄運。在西方世界裡，有惡魔（devil）意義的單字很多，撲克牌裡代表 2 點的「deuce」也是其中之一。據說有時為了消除厄運，會剪去 2 點紙牌的其中一個角。

發行過美元小冊（dollar book），將很多張小額美元紙鈔釘裝成容易撕下的小手冊，由於美國的小費文化發達，適合到美國旅遊的觀光客使用。不論是面額 2 美元的紙鈔或美元小冊，美元似乎帶給大家很特別的感覺。

　　為何會這樣呢？美元的本質是錢，在全世界所有的錢之中，美元最受歡迎也獲得信賴，是由國家影響力最強的美國發行與保證。不論是去令人憧憬的大都市紐約、度假勝地夏威夷，觀光旅遊需要用到美元，去美國留學也需要美元，購買美國的股票當然更不能沒有美元。

美元與匯率，究竟是上升好還是下降好？

　　跟股價或利率相比，大家認為匯率比較困難，其中一項原因應該是匯率的價值不容易判斷。對不懂金融的人而言，看到股價上漲大概能感覺是一件好事，利率降低似乎也還不壞，但是看到美元與匯率的上升或下降，卻很難感覺出好壞。

　　新聞報導提到匯率時，不管是美元升值或貶值，日圓升值或貶值，報導的內容每次都不同。有時候聽到美元升值對從事出口的業者有利，有時候卻又聽到美元升值讓出口業者苦不堪言。美元升值的結果到底是好是壞，答案好像不太一致。相對之下，媒體對美元貶值的消息著墨較少，因此大家不容易意識到美元正在貶值。

　　從價值判斷的角度來看，美元與匯率的概念跟股價、利率不同。聽到升值或貶值就一定要判斷好壞，這種方式顯得**過猶不及**。意思是

「事情超過一定標準跟未達標準一樣，兩種都不太妥當」（Too much is as bad as too little）。換句話說，只要美元與匯率不要突然大幅上升或下降，就能說是不錯。

美元與匯率不論上升或下降，只要突然有大幅度的變化，都會讓經濟主體沒有足夠的時間因應，變成一種困擾。企業從事出口貿易時，如果匯率突然大幅下降，業者會因為來不及賣出手中持有的美元蒙受損失；對有旅遊需求的觀光客或子女在外留學的父母而言，如果匯率突然大幅上升，也會因為能換到的美元減少而覺得吃虧。

相對之下，如果股價突然上漲，肯定會有很多人覺得開心；如果利率突然下降，高興的人應該也不少。不過以固定利率申請貸款的個人或企業就是例外，這種突然發生的利率調降屬於預料之外。對投資債券的人來說，利率下降伴隨持有的債券價格上漲，是比較有利的情況。因為未來才能得到的本金與利息是固定的，當利率下降時，若把未來的現金流量換算成現在的價值，作為分母的折現率變小，相除之後得到的現值就會增加。

美元與匯率到底該上升還是下降？何者比較好？這個議題暫時先談到這裡，第二篇「美元與投資」有更深入的探討。

美元兌外國貨幣匯率
是從外國人的角度看美元價格

匯率的概念經常與美元一起談。就像在股票市場上，每支股票的

價格隨時都改變，在交易貨幣的**外匯市場**上，各種貨幣的價值也是隨時都會不同，美元價格、本國貨幣價格時時在改變。韓國通用的貨幣是韓元，可以計價的一切事物都以韓元標示金額。如果把美元的價格用韓元當作基準計算，就能得到美元兌韓元匯率。

　　匯率在字典裡的意思是，兩個不同國家的貨幣相互交換時的比例，也就是**交換比率**。在韓國通用的錢（在本書裡與貨幣一詞混用）是韓元，最常交換的他國貨幣是美元，最常提到的匯率是美元兌韓元匯率。

外匯市場

　　一般常說的「外匯市場」與股票市場不同，無法讓一般人及企業參與，存在著進入障礙，只有具備特定資格的機構才能參與交易，例如：銀行。如果把市場分為批發市場與零售市場，個人與企業把銀行作為交易對象，向銀行買入或賣出美元，銀行扮演著零售市場的角色；外匯市場則如同批發市場，是銀行才能參與的場合。以韓國為例，首爾外匯市場原本和股票市場一樣，是韓國時間週一至週五上午九點開市、下午三點半休市，主管機關為了促進外匯市場發展，2024 年 7 月起，首爾外匯市場的交易時間延長到隔天的凌晨兩點[5]。

　　韓國人在銀行從事買美元的匯兌交易時，是以支付等值的韓元換取美元，過程必須要有兩種貨幣，這一點在外匯市場也是相同。在韓國的外匯市場上，美元與韓元直接進行交易，人民幣與韓元也是直接

5　譯註：台北外匯市場的交易時間是台北時間週一至週五上午九點至下午五點。

交易。1990 年代曾經有過日圓與韓元的直接交易；人民幣與韓元的直接交易則是從 2014 年 12 月開始。

　　現在在韓國無法直接進行日圓與韓元的交易，萬一有日圓與韓元的匯兌需求該如何處理呢？可以利用第三國貨幣作為媒介，就能讓日圓與韓元的交易同時達成。以支付韓元買日圓的交易為例，透過美元與韓元的直接交易，支付韓元買入美元時（首爾外匯市場），直接再把美元賣出買入日圓（國際外匯市場），就能達到韓元與日圓交易的目的。

　　雖然韓元兌美元匯率聽起來感覺比美元兌韓元匯率親切，其實不管怎麼稱呼都無所謂，就像子女叫爸爸媽媽或媽媽爸爸一樣，先後順序沒有差異，一樣都是 1 美元的韓元價值，不是 1 韓元的美元價值。簡單來說，匯率就是外國貨幣的價值，也就是**以本國貨幣衡量的外國貨幣價格**。

　　與外國交易的時候，因為韓元還不是國際上的通用貨幣，幾乎無法使用韓元。消費者若要在知名國際品牌（例如：Nike）的全球官方網站直接購買商品，或從外國網站直接購買外國歌手的專輯，商品標價會是外國貨幣的金額，必須以該國貨幣購買。消費者的信用卡帳單則會顯示已經用匯率換算成本國貨幣的金額，從消費者的銀行帳戶扣除相對應的款項。

　　在國外觀光景點以信用卡結帳時，有些商店能讓消費者選擇以何

種幣別刷卡⑥（例如：新加坡大型商場裡的餐飲店，刷卡時能選擇韓元）。然而商家向金融機構請款時，因為收到了韓元，必須把韓元兌換成美元或當地貨幣，過程中會有匯率變動及手續費，這些費用還是會轉嫁到消費者身上，使消費者付出更高的代價。換句話說，韓國消費者在國外選擇以韓元刷卡結帳，會比選擇美元刷卡，或直接使用事先在韓國兌換好的美元現鈔支付更不划算。因此，當消費者在國外旅遊時，若能選擇刷卡幣別，選擇美元會比選擇韓元有利。

國際準備貨幣的意義與其他配角

　　美元除了是最有代表性的外國貨幣之外，也是全球最大經濟體、國力最強的國家 —— 美國發行的貨幣。在全世界幾百種貨幣之中，美元最被大家信賴，也最為廣泛使用，是公認的準備貨幣（reserve currency）。國際準備貨幣是廣義國際貿易之中最主要的貨幣。一國貨幣要在國際貿易裡被公認為最值得信賴，首先是發行的國家要很強盛，並且獲得國際社會認可。此外，該貨幣也要有交易上的方便性、開放性與流動性，有穩定的運作體系作為後盾。

　　國際準備貨幣的地位除了利用國家影響力自然取得之外，歷史上，美國也曾經與其他國家達成協議，使美元的國際準備貨幣地

6　譯註：動態貨幣轉換（DCC，dynamic currency conversion）是國際信用卡組織提供的跨國消費服務，讓消費者在國外刷卡時，可以選擇使用當地貨幣或母國貨幣結帳。

位更加穩固。以原油（crude oil）為例，這類原物料基本上採用美元計價，因此美國以外的其他國家進行國際貿易時，自然就得使用美元。這種以美元為基礎的原油交易機制被稱為「石油美元體系」（petrodollar system）[7]。沙烏地阿拉伯是石油輸出國組織（OPEC，Organization of the Petroleum Exporting Countries）的領袖，當年在評估與美國的利害關係之後，經由協議達成這項機制，美元的地位得以上升，國際準備貨幣的角色更立於不敗之地。美國依照這項協議，可穩定地向沙烏地阿拉伯購買原油，但是必須對沙烏地阿拉伯提供軍事用品等軍事方面的支援；沙烏地阿拉伯則可利用美國購買原油支付的美元購買美國國債，宛如為美國政府穩定地提供資金。

　　但是沙烏地阿拉伯與美國的緊密合作後來出現裂痕，雙方關係不如以往。因為美國在**頁岩革命**（shale revolution）之後，原油可以自給自足，逐漸淡出中東地區。對美國而言，中東不再是主要原物料的供給地，無須積極介入中東事務，頂多就是留意油價變化，適時進行管理，策略價值減少。

7　譯註：石油美元（petrodollar）也簡稱為油元；「petro」是石油的意思。1974 年 6 月 8 日美國與沙烏地阿拉伯簽署油元協定，長達五十年的協定在 2024 年 6 月 9 日屆滿，沙烏地阿拉伯宣布不再續簽，油元協定正式走入歷史。

頁岩革命

　　頁岩（shale）革命被稱為二十一世紀最大規模的能源革命。頁岩是沈積岩的一種，由泥沙與黏土經過長時間沈積而成，其中含有原油與天然氣。在二十一世紀初期之前，頁岩的開採成本高，從事開採無利可圖，發展速度較慢。但是在中國經濟快速發展之下，市場上的原油需求激增，2001 年國際原油（WTI，西德州原油）價格每桶約 20 美元，2008 年 7 月已上漲到每桶 147 美元，是 2007 年初的三倍。

　　油價問題成為業者開發頁岩的動力，於是開啟了頁岩革命。頁岩的開採有水平鑽井（horizontal drilling）與水力壓裂（hydraulic fracturing）等技術，隨著技術進步，頁岩氣的產量逐漸增加，天然氣不足的問題得以解決，之後頁岩油的產量也開始增加。因為頁岩革命讓原油的供給增加，2014 年下半國際油價大幅下跌，2016 年初甚至回到每桶 26 美元。油價暴跌讓頁岩業者苦不堪言，轉而與 OPEC 爭奪主導權。這件事情引來俄羅斯參與，聯合其他非 OPEC 會員國的產油國家，形成石油輸出國組織與盟國（OPEC+）延續至今。

　　由美國開始的頁岩革命撼動全球能源市場。美國因為頁岩革命，2015 年解除了長達四十年的原油外銷禁令。從前，美國曾經是世界最大的石油進口國，2018 年搖身一變成為世界最大產油國，2019 年更成為原油淨出口國，不再受中東產油國家擺布。

　　但是頁岩的未來展望並非從此高枕無憂。頁岩的開採在 2014 年底達到鼎盛之後逐漸減少，環保團體也開始有反對聲浪，外界預測美國的石油產量很快就會達到頂峰，並且開始走下坡。

　　中東地區一直以來被稱為火藥庫，中國試圖填補中東地區的權力真空。中國憑藉擁有五千年悠久歷史的自尊心，嘗試超越美國，高喊中國夢[8]，想要「復興偉大的中華民族」。2012 年中國國家主席習近平擔任國家最高領導人，隨即開始不加掩飾地挑釁美國，並且透過長期經營，試圖拉攏歐洲陣營與美國疏遠。因為中國身為後來崛起的老二，面對不動如山的老大哥（美國），必須把腦筋動到老三（歐洲）身上，希望至少別讓老大和老三結伴。

　　川普政府無視美國與歐洲的同盟價值，以商人的眼光看待一切，只重視眼前利益，重新評估美國與歐洲的關係，揚言要退出北大西洋公約組織（NATO，North Atlantic Treaty Organization）。這一切對中國的國家安全，無疑是一項好消息。韓國與美國同盟之下，川普政府則主張應該撤離駐韓美軍，同樣也是對中國有利。

　　沙烏地阿拉伯在這樣的中美競爭之間走鋼索，盡可能從中獲得利益。以往美國向沙烏地阿拉伯等中東國家購買原油，產油國拿收到的美元投資**美國國債**[9]，雙方相輔相成。現在變成是中國向沙烏地阿拉伯購買原油，沙烏地阿拉伯對中國投資。下頁圖是沙烏地阿拉伯的原油流向，明顯可看出大客戶從美國換成中國。

8　編按：中國夢是習進平自 2012 年就任中共中央總書記以來提出的治國口號之一，定義為「實現中華民族的偉大復興」。

9　作者註：國家發行債券的經濟概念，就好比個人使用信用卡，都是以未來償還作為前提，提前取得可用資金。若要比較兩者差異，國家發行國債有許多投資人提供資金，也包括外國政府；個人的信用提供，只限於該卡片的發卡公司。

　　另一方面，**中美關係逐漸發展成新冷戰，夾在中美之間的國家，成為中國與美國的拉攏對象**，例如：逐漸與美國疏遠的沙烏地阿拉伯有中國示好，與中國接壤的印度與越南則有美國釋出善意。2022 年 12 月中國國家主席習近平親自出訪沙烏地阿拉伯，將兩國關係提升為**全面性策略伙伴**[10]。2023 年 9 月美國總統喬‧拜登（Joe Biden）親自出訪越南，同樣也將兩國關係提升為全面性策略伙伴，比原本的策

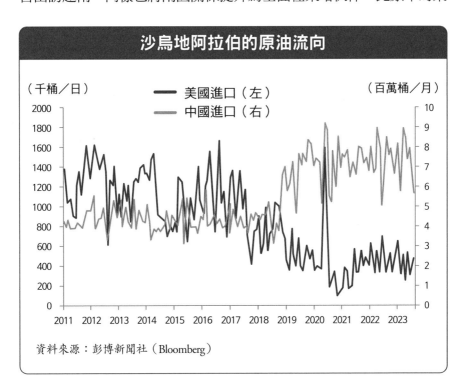

沙烏地阿拉伯的原油流向

（千桶／日）　　── 美國進口（左）　　（百萬桶／月）
　　　　　　　　　── 中國進口（右）

資料來源：彭博新聞社（Bloomberg）

10　作者註：全面性策略伙伴關係並非結盟，只是最高層級的友好關係。各國對伙伴關係有不同的分級與名稱。

略伙伴關係提高兩個層級。

印度與中國原本就不甚和睦，而且地緣政治的重要性高，所以美國動作頻繁，只為了拉攏印度成為重要伙伴。在美國的主導之下，美國、印度、澳洲與日本組成四方安全對話（Quad，Quadrilateral Security Dialogue），牽制中國的意味濃厚。

美元的國際準備貨幣地位，是美國主宰國際金融市場的動力。簡單來說，美國彷彿握著國際社會的經濟命脈。因此，若有國家破壞國際秩序、違反國際協議，美國要採取經濟制裁或金融制裁教訓對方時，只需切斷該國的美元金流，就能將其逼入絕境。只是美元變成美國的武器，被制裁的國家勢必迂迴尋找出路，如此一來，美元的國際準備貨幣地位有可能被美國自己破壞。因為不是所有的國家都跟美國站在同一邊，而且美國也無法滴水不漏地防止制裁對象取得美元，中國就是在找尋這種縫隙。

中國有意挑戰美元的國際準備貨幣地位，這對美國究竟會有多大的威脅，詳細說明留待第二篇「美元與投資」再討論。

決定美元價格與匯率的基本原理

一項商品在市場上的交易價格，基本上是由市場的供給與需求決定。若想買的人增加或想賣的人減少，均衡價格就會上漲。相反地，若想買的人減少或想賣的人增加，均衡價格就會下跌。

先從供給面來看。當知名品牌推出限量版商品，因為商品具有稀缺性，定價會高於一般商品。這是因為供給量有限，所以價格較高。美元也是如此，握有美元的經濟主體如果基於各種理由，不願意讓美元流入市場，就如同美元的供給量不足，市場上流通的美元減少，美元價格與匯率就會上揚。以 2008 年全球金融海嘯為例，當金融市場發生重大事件，危機造成的不安容易使避險（hedge）資產——美元的價值上升。

相反地，當大家都想出售美元的時候，美元的價格與匯率就會下降。以 2000 年代中期為例，當時以中國等新興國家為主的全球經濟出現顯著成長，產生許多獲利性高的投資標的，全世界的投資人同時在市場上出售美元，買入欲投資國家的貨幣，結果造成美元價格下跌。

從需求面來看，假設市場上的美元數量固定，當想買美元的經濟主體增加，外匯市場的買單增加，美元價格就會上漲，使美元兌韓元匯率上升。2008 年全球金融海嘯時就出現這種現象，市場上賣出美元單量減少，買入美元的單量增加。當時全球資本都想在金融市場減少暴險（risk exposure），尤其是**新興國家貨幣**[11] 的幣值變動風險，傾向持有美元，使美元的需求增加。相反地，若美元的需求減少，美元價格就會下跌，美元兌韓元匯率也會下降。

11　作者註：韓國雖然已晉升為已開發國家，但是在貨幣方面，韓元大都被歸類在新興國家的貨幣。

後面會談到經濟變數（物價、生產力、貿易、經濟政策等）與市場變數（利率、股價等），這些變數也會影響外匯市場中美元的供給與需求，造成美元價格波動、美元兌韓元匯率改變。

通貨膨脹升溫對匯率的影響

通貨膨脹（inflation）是好事嗎？通貨膨脹在字典裡的意思是，貨幣供給量增加使貨幣貶值，物價持續上漲，造成民眾實質所得減少的現象。簡單來說，物價上漲的現象可稱為通貨膨脹。由於一般民眾的薪資具有僵固性，就算物價指數上升，薪資也不會立刻跟著增加，因此通貨膨脹會使民眾的實質所得減少。

比方說，當韓國的貨幣供給量增加，物價上漲率高於美國，但外匯市場的美元供給量維持不變，這時如果韓元的供給量過多，相對之下韓元就會貶值，美元就會升值。相反地，當美國的貨幣供給量增加，物價上漲率高於韓國，理論上，美元的價值就會貶值。這裡必須提到 2022 年，美國的通貨膨脹率來到近四十年的高點，但是美元價格與匯率卻依然走高，這個問題我放在本單元最後一個部分詳細說明。

與通貨膨脹相對的概念是**通貨緊縮**（deflation），是物價下跌的現象。當房地產價格暴跌維持一段很長的時間，就容易發生通貨緊縮，因為房地產產業與上下游產業有連帶影響。舉例來說，房地產產業會影響鋼筋、建築機具等**上游產業**的需求，也會影響家具、家電產

品等**下游產業**的需求，房地產產業的影響層面很廣泛[12]。

　　發生通貨緊縮的國家會出現財貨與服務的價格下跌，侵蝕業者獲利，消費者因為期待物價下跌，因而延遲消費，企業只好延後投資計畫，使一國的經濟缺乏活力，陷入惡性循環。所以一般常說，通貨緊縮會阻礙經濟發展。

用一價法則說明通貨膨脹與匯率的關係

　　一價法則（law of one price）是指在完全競爭（perfect competition）狀態下，相同時間、相同市場、相同品質的商品，不會出現兩種以上的價格。換句話説，同一件商品不管拿到哪個市場銷售，其售價都會一樣。假設不考慮運輸成本等實際操作上的限制，因為漢堡王與麥當勞的漢堡製作在全世界都已經標準化，可視為銷售相同品質的商品，價格會適用一價法則。因為各地的定價如果不同，商人在售價低的地方買入（造成該市場需求增加）之後，拿到售價高的地方（造成該市場供給增加）賣出，低買高賣的套利行為增加，兩地的價格最後還是會趨於一致。

　　假設美國漢堡王的華堡售價為 5 美元，韓國漢堡王的華堡售價為 5,000 韓元，但是美國完全沒有通貨膨脹，韓國的通貨膨脹率為 20%。一年後，美國的華堡售價依然還是 5 美元，韓國的華堡售價會變成 6,000 韓元。相同商品在美國賣 5 美元，在韓國卻賣 6,000 韓元，表示美元與

12　作者註：上游產業是比較接近原物料供應的一端；下游產業則是比較接近最終消費者的一端。產業的上游與下游很容易混淆，這裡只要記得與房地產有關的產業很多就行。

韓元的交換比率為 1,200 韓元，也就是匯率為 1,200 韓元。

因此，在假設其他條件不變下，通貨膨脹率高的國家，其貨幣較為弱勢（貨幣貶值）；通貨膨脹率低的國家，其貨幣較強勢（貨幣升值）。

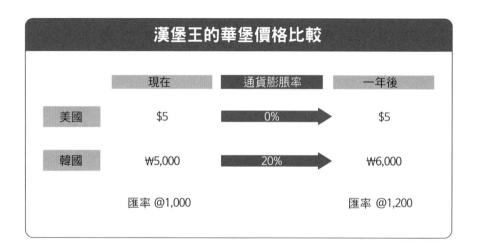

再回來談談通貨膨脹。通膨率如果維持在適當水準，會有利於經濟發展。目前已開發國家及韓國的中央銀行，皆以物價水準年增2％作為目標，2％應可視為適合已開發國家的通膨率。此時，若物價水準年增率超過 5％，大家就會開始緊張，超過 10％會引起民怨。以2022 年至 2023 年為例，美國與歐洲等已開發國家有某幾個月的通膨率比一年前增加約 10％，對金融市場造成不小的負擔。

展現通貨膨脹與匯率關係的經典案例

　　德國在第一次世界大戰戰敗之後，曾發生嚴重的通貨膨脹，這件事情成為後來經常被引用的案例。當時德國背負著鉅額的戰爭賠款，法國則是戰勝國之一，半個世紀前才因為普法戰爭戰敗，對普魯士支付了高額賠款，此刻趁機以牙還牙，想讓德國無法東山再起。為了支付賠款，德國決定增加貨幣發行，結果卻在 1923 年發生極度嚴重的通貨膨脹。經濟學裡稱物價失控、飛快上漲的情形為惡性通貨膨脹（hyperinflation），大概就像原本一雙 1,000 元的鞋子，一年後卻變成 1 億元。聽起來雖然很荒謬，但當時德國的通膨比這個情況更嚴重，特別是對依靠老人年金過活的退休人員，在晚年才遇到惡性通膨，面對未來肯定非常不知所措。

　　德國發生惡性通膨之後，1,000 馬克的紙鈔如同廢紙，在歷史事件的照片裡，有人正在把鈔票當作壁紙貼。換句話說，惡性通膨讓錢失去錢的功能。此外，由於債券（bond）的名目金額固定，債券也瞬間變成廢紙，債權人血本無歸。但是對債務人而言，因為負債的金額固定，惡性通膨反而是件好事。如果一國發生惡性通膨，該國民眾想購買低通膨國家的貨幣，這時候的匯率恐怕會是天價。

　　惡性通膨不是遙遠的歷史故事，近代也發生在非洲的辛巴威、南美洲的委內瑞拉。2008 年 1 月至 7 月，辛巴威的物價在短短半年內飆漲三億倍，這還只是官方說法，實際可能高達 6.5×10^{108} ％。委內瑞拉的物價從 2013 年開始飆漲，2018 年國際貨幣基金（IMF，International Monetary Fund）公布的通膨率高達 65,374％。阿根廷與

土耳其雖然還沒到達惡性通膨的水準，依然也是我們難以想像的程度。如果這些國家的民眾持有其他國家發行的債券，就能產生很大的幫助。以阿根廷為例，阿根廷民眾持有為數不少的美國國債。

這裡先做個小結，如果一個國家的通膨率相對高，該國的貨幣價值就會相對貶值，欲購買其他國家的貨幣必須支付更多的本國貨幣。換句話說，由於匯率上升，如果韓國的通膨率遠高於美國，韓國民眾購買美元時，必須支付的韓元金額就會增加。

如果不是發生惡性通膨這麼極端的現象，國與國之間的通膨差距，必須經過很長的時間才會對匯率產生影響，所以就算是經常留意金融市場動向的投資人也不易察覺。然而進入二十一世紀以來，原本穩定的物價突然在 2022 年至 2023 年接連上漲，影響短期市場心理，透過每月定期公布的通膨指標，對匯率也產生影響。尤其是美國握著全世界的經濟命脈，美國的通膨狀況更成為全球關注焦點。美國為了減少通膨，積極採取貨幣政策，然而各界預期美國會持續升息，預期心理削弱了打擊通膨的效果，導致美元持續走強。

看到這裡大家可能會有疑問，前面不是說，如果通膨率高，會使該國的貨幣貶值，為何 2022 年至 2023 年美國面對著很高的通膨，美元卻持續升值？原因在於利率上升。美國為了對抗通膨，相當於中央銀行地位的聯準會（在第 5 堂課「美國的貨幣政策與美元」會詳細說明）積極調升利率，2023 年美國的基準利率已高於通膨率。

雖說如此，好像還是有其他疑問。2022 年美國的基準利率明明低於通膨率，為何美元一樣是升值？這是因為各界預期聯準會還會

繼續調升基準利率所導致。預期自我實現（self-fulfilling prophecy）是指，當投資人心中有很強烈的某種期待，金融市場上就會依照這種期待產生變動。所以市場參與者對未來的預期，也是影響匯率、股價、利率等金融市場價格的重要變數。換句話說，市場上的預期心理對市場價格也很重要，千萬不能小看。

生產力提高對匯率的影響

在學過生產力之前，肯定會覺得生產力很抽象，也不覺得生產力與匯率有關。因此，下面我要對生產力與匯率的關係進行說明。

某甲做的事比別人多，花費的時間卻不太多，工作品質也很受稱讚。這個描述代表某甲是「有生產力」的人，生產力的概念大概就是如此。

生產力（勞動生產力）的基本定義是，每單位勞動投入可產出的財貨與服務量。單純就**一位勞動者的生產力**（實際上每個國家的工時不同，就算每個人的產量相同，如果工作的時間較長，生產力就會變低。這裡為了簡要說明，假設各國的工時相同）來看，若一位勞動者的產量（嚴謹說法應是勞動者在工時內的每小時產量）增加，生產力就會提升。在發展快速的國家，例如：1980 年代的韓國或 2000 年代的中國。在高成長的環境裡，生產力也會快速提升（產量增加、銷售量提高、獲利增加），企業無須提高產品售價，就能對勞動者支付較高的工資。

　　不過在生產力方面，製造業與服務業有所差異。相對於製造業可以把產品出口到國外，服務業則不容易進行國際貿易。韓國的汽車業者（製造業）為了在全球市場獲得消費者的青睞，積極與德國、日本、中國的汽車業者競爭。但是開在韓國首爾的美容院（服務業），無法與開在美國紐約的美容院搶客人。由於服務業不像製造業有國際間的激烈競爭，生產力的提升較為緩慢。

　　不過，從事服務業的業者為了網羅優秀員工，還是必須在人才招募上與國內外的製造業者競爭，提出吸引人的薪資待遇，使薪資水準上升，這會讓提供服務的代價增加，造成美容院的剪髮價格上漲。換句話說，服務業提高生產力的速度緩慢，提高服務價格的速度卻很正常，就會引發通膨。即便是在製造業比例較高的國家，單靠製造業無法帶動國家的經濟發展，在所有經濟活動的運作之下，自然會產生通膨。

　　以 Nike 球鞋為例，假設同一型號的球鞋同時在台灣與印度生產，台灣的生產力高，不會發生通貨膨脹；印度的生產力低，而且會發生通膨。一年後，該型號的球鞋只會在印度明顯漲價。

　　兩國的貨幣價值會有什麼變化呢？在台灣因為產量增加，滿足國內消費者的需求之外，還有多餘的球鞋可以外銷。外銷球鞋賺得的美元流入台灣，使外匯市場上賣出美元、買入台幣的交易增加。這時因為想賣美元的人增加，造成美元的價格下跌；想買台幣的人增加，造成台幣的價格上漲，最後使美元兌台幣匯率下降。換句話說，生產力高的國家貨幣較強勢，貨幣價值會升值。

至於印度，由於生產力不增反減，連國內需求都無法滿足，只好從台灣進口相同型號的球鞋。印度向台灣進口球鞋必須支付美元，外匯市場上以印度盧布購買美元的交易增加。這時候買美元的人增加，造成美元的價格上漲；賣印度盧布的人增加，造成印度盧布的價格下跌。換句話說，生產力低的國家貨幣較弱勢，貨幣價值會貶值。這裡得到一個結論：理論上當一國的生產力高，其貨幣會升值；當一國的生產力低，其貨幣會貶值。

大家不必想得太複雜，我換個方式說明。假設在相同時間內，甲的作業寫得比乙多、寫得好，這表示甲的生產力比較高。同理，在相同時間內，A 國比 B 國製造更多品質好的球鞋，這表示 A 國的生產力比較高。

我再舉一個極端的例子。假設 C 國一年只能生產一雙球鞋、一輛汽車與一件衣服，D 國卻能生產足夠總人口數使用的球鞋、汽車與衣服，這表示 D 國的生產力比較高。由於生產力也能像這樣當作衡量國民生活水準的指標，一國政府的經濟政策應該著眼於提高勞動者的教育程度、提高機器設備的水準、提升技術，才能使生產力得以提高。在假設其他條件不變之下，生產力高的國家其貨幣價值高於生產力低的國家，這是理所當然的事。

查閱資料

如果覺得生產力的概念太抽象，可以試著看看實際的統計資料。以美國為例，勞工統計局（Bureau of Labor Statistics）每季都會更新生

產力成長率（網址：https://www.bls.gov/productivity）。

在經濟合作暨發展組織（OECD，Organisation for Economic Cooperation and Development）的官方網站上，可以比較各國的生產力。進入 OECD 首頁之前，建議先在搜尋網站用「OECD productivity by country」當作關鍵字搜尋，可以更快進入比較生產力的頁面。

觀察能見度

生產力不是價格，屬於一種長期變化，匯率則是時時刻刻不斷在改變，因此生產力與匯率的關聯性不會直接顯現。

國際貿易與匯率

韓國是貿易依存度高的國家。貿易依存度的計算，是把出口額與進口額相加之後，再除以國內生產毛額（GDP，gross domestic product），也就是進出口總額占國內生產毛額的比例。韓國的代表性出口項目有半導體、汽車、大型船舶、二次電池等，代表性進口項目是原油[13]。

在現實生活中，出口與進口有時會同時減少。當出口減少時，

13　譯註：台灣亦為貿易依存度高的國家，依據行政院 2023 年統計資料，出口產品依次為電子零組件（占整體出口比重 41.3%）、資通與視聽產品（占整體出口比重 19.3%）、基本金屬及其製品（占整體出口比重 6.6%）。

流入國內的美元也會減少，外匯市場上會因為賣出美元的數量減少，使美元的價格上漲，也就是美元兌韓元匯率上升。反之，當進口減少時，用於對外國支付的美元減少，外匯市場上美元的購買量減少，會使美元價格下跌，也就是美元兌韓元匯率下降。當造成美元上漲與下跌的因素同時發生，這種衝突的情況該如何應對？

　　有時候，會發生出口與進口同時增加。當出口增加時，出口業者收到的美元增加，原因可能是出口量增加或出口品價格上漲，也有可

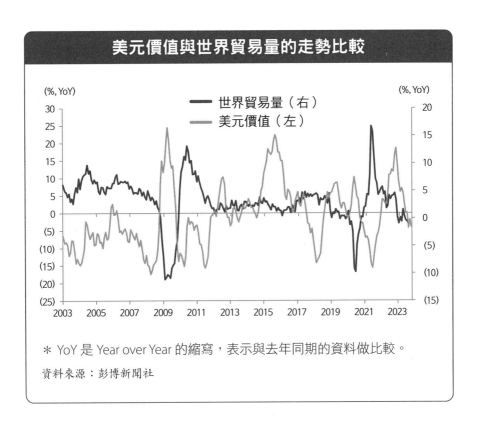

美元價值與世界貿易量的走勢比較

＊ YoY 是 Year over Year 的縮寫，表示與去年同期的資料做比較。

資料來源：彭博新聞社

能是出口量增加且出口品價格也上漲。反之，當進口增加時，向國外流出的美元會增加，原因可能是原油的進口量增加，或者是原油的價格上漲。

　　韓國是開放經濟體系，出口與進口的增減方向通常都會一致。以智慧型手機、汽車這類零組件數量多且複雜的產品為例，在製造過程之中，錯綜複雜的供應鏈（supply chain）會產生許多進口與出口。當出口的訂單量增加，伴隨的進口數量也會增加；當出口的訂單量萎縮，進口數量也會跟著減少，這種情形很容易發生。反而是出口增加但進口減少、出口減少但進口增加，兩者變動方向不一致的情況較為罕見。

　　當出口減少，進口也減少時，美元同時面對升值與貶值的因素，**美元價格會朝哪個方向變化呢？**

　　出口和進口同時減少，通常是發生全球經濟衰退時，才會造成國際市場對韓國商品的需求減少。當全球經濟衰退、市場需求委靡、大環境籠罩陰影時，美元屬於避險資產，會表現得比較強勢。

　　相反的，當出口與進口同時增加，通常是全世界經濟正在擴張，進入持續復甦的階段，國際市場對韓國商品的需求成長。這時美元投資人的眼光會轉到經濟成長較不明顯的國家，賣出手中持有美元，改投資該國貨幣，以賺取更高獲利，這個行為容易使美元價格下跌。這裡得到一個結論：若用美元走勢觀察國際經濟現況，通常美元升值的時候，全球貿易量會減少，美元貶值的時候，全球貿易量則會增加，兩者的關係大致如此。

另外，出口品價格對進口品價格之比稱為貿易條件（TOT，terms of trade）。當韓國的代表性出口品（例如半導體）價格上漲或代表性進口品（例如原油）價格下跌，貿易條件會改善。若貿易條件改善，理論上匯率會下降（本國貨幣變強勢，升值）；若貿易條件惡化，理論上匯率會上升（本國貨幣變弱勢，貶值）。

查閱資料

韓國關稅廳（Korea Customs Service）固定在每月 1 日公布上個月的進出口指標，例如：7 月的出口指標在 8 月 1 日公布，沒有例假日之分[14]。此外，韓國的出口指標不僅本國人會注意，也是國際上非常重視的指標，因此每月 11 日與 21 日也會分別公布當月 1 至 10 日、1 至 20 日的指標。不過這種每十天公布一次的資料，若適逢週末或例假日則會順延公布。

投資溫度計

出口是韓國經濟的成長動力，也是反應全球製造業景氣的重要指標，與匯率的關聯性高。雖然出口指標不會每天更新，但是出口總額依然有可能在一天之內產生極大變化。以造船業為例，一艘船舶的售價高達上億美元，2000 年代中期造船業景氣暢旺，經常能看到造船

---

14 譯註：台灣的進出口指標由財政部公布，每月 10 日前公布上個月的指標，並且預告下個月的公布日期。例如：2024 年 7 月 9 日公布 6 月的資料，預告下次公布日期為 2024 年 8 月 8 日。

廠接單影響匯率，不過到 2010 年中期，造船業對市場的影響就不再那麼大（與國際貿易有關的進階內容請參閱第三篇）。

國際收支與匯率

本單元對初學者而言，可能不容易看過一次就理解，必須時常關心、長期留意，才會變得比較熟練。建議讀者剛開始可先把重點放在美元流入（匯率下降）、美元流出（匯率上升）的影響即可，其他部分改天再回頭看。

國際收支帳（balance of payments）是一國與其他國家交易的資料合計，收支是收入與支出，韓國的國際收支代表韓國與其他國家交易時的收入與支出合計，以美元作為記帳幣別。廣義而言，國際收支包括每天來來去去的金錢收入與支出，也包括投資的金錢或投資賺取的獲利。

這些交易依照國際標準大概可分為**經常帳**（current account）、資本帳（capital account）與金融帳（financial account）。經常帳是由經常性交易帶來的支出與收入，日復一日、反覆發生的交易就適合歸在這個分類，例如：公司的進口與出口。財貨（goods）的進口與出口屬於經常帳底下的**商品貿易**；財貨包含最終產品與半成品，與服務貿易是相對的概念。

韓國屬於出口較多的國家，由於出口比進口多，商品貿易餘額常有順差。在國際貿易裡，當出口大於進口稱為有順差或盈餘

（surplus），反之則是有逆差或赤字（deficit）。製造業強國的商品貿易餘額通常會高於服務貿易餘額。從英文單字的意思來看，商品貿易餘額有順差，表示一國的製造業者在經營上有獲利；商品貿易餘額有逆差，則是一國的製造業者經營上有虧損。

國際間的交易通常是採用國際準備貨幣——美元，因此當商品貿易餘額有順差，會使美元大量流入，並且留在國內；商品貿易餘額有逆差，則是支付的美元比較多，使美元對外流出。從外匯市場的角度來看，當商品貿易餘額有順差，韓國企業會把多餘的美元拿到國內的外匯市場交易，兌換成韓元，造成美元價格下跌、美元兌韓元匯率下降。反之，當商品貿易餘額有逆差，韓國企業拿韓元購買美元的金額增加，會使美元價格上揚、美元兌韓元匯率上升。

雖然韓國的商品貿易占經常帳很高的比例，但經常帳裡不是只有商品貿易，還有**服務貿易**與**所得收支**。旅遊、大規模開發案等屬於服務貿易，例如：國人去海外旅遊支付的美元、外國人來國內旅遊支付的美元（對本國經濟是美元流入）、國內建設公司在海外執行大規模土地開發案賺得的美元。

所得收支包括本國人投資海外股票獲得的股利、本國人投資海外債券獲得的利息、外國人投資國內股市獲得的股利、外國人投資國內債券獲得的利息等。本國國民或退休金管理機構投資海外股票、債券，通常會在年中固定獲得海外的股利與利息。然而，韓國企業大都集中在每年4月召開股東大會，對股東支付股利，這時韓國企業對外

國投資人支付的股利被兌換成美元，就會在外匯市場上形成美元兌韓元匯率上升的壓力，只是壓力不如其他影響外匯市場的變數強大。值得一提的是，日本是目前全世界最大的淨債權國，海外投資的金額最高，因此所得收支在經常帳裡占的比例遠高於商品貿易；韓國則是商品貿易的比例高於所得收支[15]。

除了商品貿易、服務貿易、所得支出之外，經常帳的項目還有**移轉性收入**，例如：對低度開發國家的無償援助、在國內勞動的外國勞動者向海外匯款等，由於這些金額的比例不高，在討論匯率變化時可忽略不計。

與經常帳相對的概念是**金融帳**（financial account）。外國人的資本流出與流入屬於金融帳，本國國民或退休金管理機構進行海外股票、債券投資也屬於金融帳。計算國際收支時的資本帳與一般大家所想的概念不同，只計算限定的項目，例如：本國積欠的外債獲得免除、本國免除他國積欠的債務等。

但是從概念上來看，外國人對本國投資、本國人對海外投資，都是資本的流出或流入，所以一般人在聊天時，常用經常帳一詞描述資本的流出與流入，而不是說金融帳，大家從前後的對話內容應該也要能聽懂。但是如果想從韓國銀行（The Bank of Korea）公布的資料查詢韓國的資本流出或流入[16]，這時就必須看金融帳的部分。

15　譯註：台灣與韓國相同，經常帳的商品貿易比例高於所得收支。
16　譯註：台灣的國際收支資料可在中央銀行網頁查詢。

　　這裡大家容易混淆經常帳裡的所得收支與金融帳。假設有韓國人投資美國股市，這在韓國的國際收支會被分為兩類。首先是韓國人投資美國股市，這筆金額會計入金融帳底下證券投資（portfolio investment）的資產，但將來在美國股市產生的現金股利，會被計入經常帳底下的所得收支。假設有外國人投資韓國股市，這筆金額會被計入金融帳底下證券投資的負債，因為這項投資行為雖然會讓美元流入韓國，但從韓國經濟的角度來看，這是外國人持有債權的一項負債。

　　金融帳裡不是只有證券投資，通常個人的海外股票投資會計入證券投資項目，但是本國業者購併海外企業或到海外設廠，屬於直接投資，因此會計入資產。相反地，海外企業購併本國企業或在本國設廠時，這筆投資金額會計入直接投資的負債。另一個金融帳的項目是準備資產（reserve assets），包括中央銀行持有的外匯、貨幣性黃金等，也就是一般常說的外匯存底。

　　國際收支平衡表的概念與匯率走勢的比較圖請見第三篇的「外國人的資本移動與匯率」。

　　當經常帳餘額的順差增加，由於國外流入本國的美元過多，使美元面對貶值的壓力；當金融帳餘額的逆差增加，由於國外流入本國的資金增加，使流入本國的美元增加，讓美元有貶值的壓力。

　　相反地，若經常帳餘額的順差減少或出現逆差，由於從本國流出的美元增加，會讓美元面對升值的壓力；若金融帳的資產增加，由於本國人對海外投資增加，造成美元流出增加，使美元有升值的壓力。

若中央銀行的外匯存底（準備資產）增加，由於中央銀行在外匯市場買入美元等外幣，會使美元價格（匯率）上漲；若外匯存底減少，由於中央銀行在外匯市場賣出美元等外幣，會使美元價格（匯率）下跌。

大家看經常帳的媒體報導時，有一點必須注意。美國作家愛德華‧艾比（Edward Abbey）曾說：「沒有什麼比昨天的報紙更死氣沈沈。」（Nothing deader than yesterday's newspaper.）這句話在提醒大家，不必對過時的資料過度賦予意義。經常帳是隔了至少一個月才公布的資料，超過一個月的過期數據只能當作參考，畢竟一個月前的經常帳資料與現在的經常帳環境可能已經大不相同。舉例來說，在一國遭遇出口低迷之後，如果開始進入出口復甦，有可能讓經常帳餘額由負數轉為正數。先前在出口低迷時出現的經常帳餘額逆差，雖然會造成匯率上升，但是後來的出口大環境好轉，匯率上升反而成為改善經常帳的變數。這雖然是造成匯率下降的因素，但是隔了一個月才公布的經常帳指標已經是舊資料，無法呈現出大環境已經好轉。換句話說，如果現在公布的上個月經常帳餘額是逆差，雖然會讓你聯想到匯率上升，但是當天在外匯市場依然可能出現美元兌韓元的匯率下降。

另外，國際收支平衡表的記帳方式，也能用在個人的所得／支出與資產。一般個人的薪資所得或經商所得會穩定產生，若所得高於支出，多餘的財力會讓投資的本錢增加。投資時，資金雖然從我們的錢包或銀行帳戶轉出，仍然是列入資產；若個人的支出高於所得，入不敷出，就必須向銀行借款，借款會列入負債。像這樣把個人的資金流

向計入資產或負債，如同是金融帳；個人的所得與支出則相當於經常帳。

查閱資料

韓國的經常帳[17] 大約每個月上旬由韓國銀行公布一次，例如：7月的出口指標在 9 月 10 日公布，資料放在韓國銀行網站的新聞資料頁面內。進入韓國銀行經濟統計系統（ECOS）網站，可以查詢更長期的資料。

經濟政策與匯率

本單元若能與 2016 年川普當選美國總統之後宣布的經濟政策及當時的美元變化一起思考，閱讀效果會更好。

法律賦予政府及中央銀行權力，可以在合理的水準調控國家經濟。國家機關的經濟政策主要可分為貨幣政策（monetary policy）與財政政策（fiscal policy），兩種政策的執行主體不同。調節貨幣供給量或調整利率屬於貨幣政策，在韓國由韓國銀行[18] 扮演握有決策權的角色。

---

17 譯註：台灣的經常帳每季由中央銀行公布一次，例如：民國 113 年 5 月 20 日公布民國 113 年第一季的進出口指標，資料在中央銀行的最新消息新聞稿頁面。在經濟部的經濟統計數據分析系統可以查詢更長期的資料。

18 譯註：在台灣是中央銀行執行貨幣政策。

　　財政政策由管理國家或地方收入／支出的政府負責。稅金是國家的收入（財政收入），政府把稅收用在必要之處是經費執行（財政支出）。管理財政收入與財政支出就是政府的財政政策。

　　對經濟陌生的讀者可能無法理解這些說明，我換個方式比喻。雖然現實生活中人類無法控制降雨量，但姑且假設人類有能力控制降雨量，調節全國降雨量就如同貨幣政策；利用自來水事業對家庭、商家（商業設施）、工廠（工業設施）等國民經濟所在之處供應自來水，就相當於財政政策。因此，貨幣政策對廣義的經濟能有比較平均的影響，財政政策的影響範圍則比較局限。

　　雖然貨幣政策與財政政策合稱為穩定經濟的政策，生活中或新聞媒體卻不這樣描述，不過我們依然必須探討為何會稱這兩項政策是「可以穩定經濟的政策」。現實生活中，經濟景氣好的時候可能會不斷成長，景氣差的時候可能會不停衰退，如此變化多端的情況要是能均衡一點，經濟主體就能過上更安定的生活。因此，中央銀行在通貨膨脹嚴重的時候，會採取打壓政策（升息或減少貨幣供給量）；通貨緊縮的時候，會適度刺激通貨膨脹（降息或增加貨幣供給量）。政府也是一樣，當經濟蕭條、失業人數增加時，以減稅或增加財政支出來刺激經濟回溫；當經濟過熱的時候，以增稅或減少財政支出來讓經濟降溫。

　　貨幣政策與財政政策都會影響匯率。首先，一國的中央銀行若調升基準利率，本國貨幣會升值；調升基準利率是緊縮性貨幣政策（tight monetary policy）。中央銀行若宣布升息，會使債務人的負擔

增加、有負債的家計部門消費減少、有貸款的企業節省成本並減少投資，盡可能縮衣節食。因為大家的手頭不再充裕，所以稱為緊縮。但是國內的利率上升，能吸引追求高利率的外國投資客。

　　一國的政府若增加支出（擴張性財政政策），獲得資金挹注之處，經濟主體的所得增加，帶動物價上漲、市場利率上升。當市場利率上升，本國貨幣也會升值。

　　因此，緊縮性貨幣政策與擴張性財政政策（expansionary fiscal policy）的政策組合，能帶來本國貨幣升值的效果。以 2016 年美國總統大選為例，川普當選時是美元升值。當時美國相當於中央銀行的聯準會（Fed，Federal Reserve System）正在升息，川普提出的競選政見是擴張性財政政策。由於川普的經濟政策相當極端，市場參與者大都沒料到川普會當選，對選舉結果非常驚訝，金融市場立刻開始對川普時代的經濟政策做出反應。換句話說，緊縮性貨幣政策與擴張性財政政策會讓貨幣升值，造成美元短期大幅升值。

　　相對於基準利率上升被稱為緊縮性貨幣政策，基準利率下降則是量化寬鬆（QE，quantitative easing）或擴張性貨幣政策（expansionary monetary policy）。韓國銀行的基準利率適用在金融機構之間的交易，而且是非常短期的七天期交易。短期利率能立即發生影響，進而影響銀行的定存利率、貸款利率，甚至是長期市場利率。利率發生變化會影響經濟主體的消費與投資，當基準利率下降，立刻會使短期利率下降，銀行的存放款利率、長期市場利率也會隨之下降。利率下降會使借貸的需求增加，原本已有債務的借款人（採用機動利率）貸款

利率下降，但是存款人的利息收入減少，且本國貨幣貶值。

　　中央銀行若調動利率，股票市場也會有反應。當基準利率上升，債券的收益率增加，股市對投資人的吸引力就會減少。因為理論上股價是依照企業未來的現金流量換算成現值，利率上升會讓換算後的現值縮水。換句話說，升息對股票市場是利空消息。基準利率下降的影響恰好相反，降息對股票市場是利多好消息。

　　然而現實生活中，市場的反應經常不一致。有一種情況是，當經濟局勢良好，未來展望也非常樂觀，中央銀行決定升息，打算讓過熱的景氣降溫，但是股票市場還陶醉在樂觀與希望之中，忽視央行的升息措施。另一種情況則是，中央銀行還在連續升息的過程，股市投資人卻認為升息即將結束，且預期心理愈來愈強，導致股票市場受預期心理影響，而不是受升息影響。

　　若中央銀行明確發出即將調降基準利率的訊號，市場參與者也認為即將降息，提前採取行動（例如：提前買進股票），當中央銀行真正宣布調降基準利率時，股票市場上反而會看到投資人賣出股票；基準利率上升的時候也是一樣，這就是所謂的「買在謠言起，賣在事實出」（Buy the rumors, sell the facts）。市場上傳聞某家企業未來的獲利會增加，投資人聽到消息立刻買進，等過一陣子新聞證實這項消息，投資人又趕快賣出股票。由於這時候的股價已經上漲，投資人能因此獲利，就是「買在謠言起，賣在事實出」的寫照。除了股票市場之外，這句話也能用在很多地方。因為預期心理會讓市場參與者提前行動，預期心理的行為模式在市場上相當常見。

另一方面，政府的財政支出一旦增加，以後就很難再減少，概念就像如果一般家計單位生活開銷很大，某天突然遭遇經濟巨變，想要再回到節儉生活會是很大的壓力。由於政府是一種長期的運作，對於財政必須維持健全管理，因此在實施擴張性財政政策之後，應仔細檢討預算是否被浪費，朝恢復財務健全的方向努力。財政支出有很多種型態，例如：災區重建的補助金、新冠肺炎疫情等緊急災害的救助金、投資建置社會基礎設施（例如：道路與港口）等。

錢的本質，美國貨幣的歷史

錢、貨幣[19] 必須建立在信用之上，以信用為基礎的支付與收取就是流通。若要維持貨幣的生命力，所有經濟主體都必須相信實體貨幣本身與運作的體系。當我從交易的另一方得到錢，不論得到多少金額，我都必須相信在我需要用錢的時候，手上這些錢可以使用，錢才能暢行無阻地不斷流通。

韓國通用的貨幣是韓元（Korean Won），民眾基於相信韓國銀行的保證而使用，憑著韓國銀行發行的韓元，對韓國銀行有請求權。韓元在性質上是韓國銀行應該償還的負債，記錄在韓國銀行資產負債表

---

19 作者註：錢、貨幣、通貨不是完全相同的概念，但是在本書裡若嚴格區分這三個名詞，會超出本書的寫作目的。大家只要先記得，錢是相對口語的說法，貨幣與通貨是比較文言的表達即可。

的**流動負債**[20]。簡單來說，持有面額 1,000 韓元紙鈔的民眾，有權利向韓國銀行請求該面額的價值，只是實際上沒有人去向韓國銀行提出這項要求。在韓國的所有交易都能用韓元進行，沒有任何限制，普遍通用，也能任意轉讓給別人，流動性很高。

美元（US Dollar）能通用於美國及全球的貿易與金融交易，是基於大家相信美國聯準會的保證。但是並非任何時間、任何場所，大家對錢都有如此深厚的信賴。美國宣布獨立之前是殖民地，流通的錢不只一種，發行機構也很多，當時的民眾如何能相信、使用那些錢進行交易呢？韓國銀行或美國聯準會的信用又是誰賦予的呢？

如果沒有值得信賴的機構提供信用保證，也可以用資產當作擔保。所以殖民地時期的美國人，不管收到對方支付哪一種錢，只要對方有可作為擔保的土地或資產，當事人就願意交易[21]。美國因為有新大陸的遼闊土地，在宣布獨立（1776 年）前的殖民地時代，從十八世紀初期，銀行就開始以房地產作為擔保品，發行紙幣、提供貸款。

1785 年 $ 成為代表美元的符號，一直沿用至今；《金融時報》（*Financial Times*）等主要西方媒體現在依然常用「綠背紙幣」（greenbacks）來稱呼美元。之所以有綠背紙幣的名稱，是因為 1861 年美國政府為了籌措南北戰爭的資金發行貨幣，該紙鈔的背面使用綠色的油墨印刷。美國政府從 1861 年起發行的所有貨幣，至今都還是

20　作者註：流動負債是相對於非流動負債的會計用語，是指必須在一年內還清的負債。

21　作者註：與銀行對個人提供房屋擔保貸款的原理相同。

有效，可以依照面額兌現。

　　前面曾提過的 2 美元紙鈔是從 1862 年開始發行，當時美國人一個月的薪資不到 15 美元，2 美元是不小的面額，所以經過一段很長的時間才普遍使用。不過後來 2 美元紙鈔的需求與使用頻率減少，1966 年一度停止發行，直到 1976 年美國慶祝獨立兩百年時，才更改鈔票背面的圖案，重新發行。美國人因為 2 美元紙鈔有紀念獨立兩百年的特殊意義而蒐集、珍藏，但 2 美元紙鈔也因此較少流通。

美元與匯率變化的表示方法

　　匯率是外國貨幣的價格，美元價格用＄1 相當於多少本國貨幣表示。當匯率從＄1 ＝ ₩1,000（₩ 是韓元的符號）[22] 變成＄1 ＝ ₩900，表示用來購買＄1 美元的韓國貨幣變少，只需要 900 韓元。由於必須花費的韓元減少，代表韓元的價值相對升值。大家只要記得，匯率下降就是本國貨幣升值，本國貨幣升值就是匯率下降；當匯率上升時，本國貨幣會相對貶值，美元或其他外國貨幣會相對升值。

　　另一方面，美元強勢（appreciation）是形容美元升值，美元弱勢（depreciation）則是形容美元貶值。偶爾也會聽到用高估（upvaluation）或低估（devaluation）來形容美元或匯率的走勢，雖然不能說是錯誤的用法，實際上描述並不精準。

22　編按：台幣符號為 NT$，日圓符號為 ¥。

匯率不是經由國家的政策決定，而是依照市場上的供給與需求自然達到均衡價格，尤其在浮動匯率制（floating exchange rate）更是如此。某些國家採用管理浮動匯率制，例如中國與越南，利用國家政策引導該國的匯率朝特定方向改變，這種帶有政策意圖的匯率變動，可用匯率升值或貶值來描述。因為韓國採用浮動匯率制[23]，以升值或貶值形容匯率變動比較不自然。

23　譯註：依照民國 108 年 5 月 2 日中央銀行的政策說明，台灣採取管理浮動匯率制。新台幣匯率原則上由外匯市場供需決定，若有不規則因素（例如：短期資金大量進出）與季節因素，導致匯率過度波動或失序變動，不利於經濟金融穩定之虞時，中央銀行將本於職責維持外匯市場秩序。

| 第2堂課 |
股市、債券與美元的關係

　　不論是股價、利率或美元匯率，金融市場上的價格變化經常跟理論不同，但是如果因此就忽略理論，直接觀察市場價格，投資人將無法理解價格走勢。除此之外，由於市場的價格變化都隱含著心理因素，金融市場也不能單從經濟學角度來看，多少也要懂一些社會心理學，然而，大家卻容易忽視心理層面對市場價格的影響。

匯率變動的原理

　　如果在一場滿分是 100 分的測驗裡得到 60 分，這樣算是好？還是不好？

　　我認為，考試的分數不是絕對，要判斷考得好不好，必須看測驗的難易度。假如其他人的分數都落在 20 至 50 分，我得到 60 分已經是第一名；假如其他人都有 70 至 90 分，我考 60 分就是吊車尾。

　　美元的價值、美元兌本國貨幣匯率的變化也是如此，是一種相對

價格的概念。因為美元的地位獨特，而且還是美國的貨幣，我們可以順勢把全球經濟分為美國與其他進行比較。其他是指歐洲、中國、日本、韓國等除了美國以外的世界其他國家。當美元升值，美元兌韓元匯率也會上升，比較方式可以把美國的分數當作分子，世界其他國家的分數當作分母。

假設美國的經濟繁榮並且處於高利率，如同在考試裡得到85分。這時候匯率會不會上升？

匯率是相對價格，會上升或下降是根據比較對象有不同的結果。如果世界其他國家在這場考試得到90分，美元就是弱勢，匯率會下降；如果世界其他國家只得到60分，匯率則會上升。後者是2023年大部分時間的實際情況。

假設美國正處在經濟不景氣且低利率，如同在考試裡只得到60分，匯率又會如何呢？結果會發生反方向的改變。如果這時，世界其他國家的經濟比美國更蕭條，只得到40分，匯率就會上升；如果世界其他國家的經濟景氣比美國好，得到80分，匯率就會下降。因此美國的經濟就算稍微出現衰退，只要中國或歐洲面對更嚴重的經濟問題，甚至處於大蕭條，匯率依然會上升。以2014年至2016年為例，美國還沒正式宣布陷入經濟衰退，積極想擺脫不景氣卻沒有複甦的跡象。儘管2015年底美國開始升息，接連兩次升息的間隔長達將近一年，升息速度非常緩慢，基準利率也始終低於1%，但是美國的經濟開始好轉。反觀當時的中國與歐洲，經濟條件比美國更差，各界看待中國的經濟發展都抱持負面預測，歐元區的經濟更是深陷泥淖，基準

利率中的定存利率甚至降到負利率，開始實施**量化寬鬆政策**[24]。

相反的，雖然美國經濟發展熱絡，但中國或歐洲的經濟比美國更好時，美元就會走弱，匯率跟著下降。在 2000 年代中期到全球金融海嘯爆發之前，新興國家展現人人稱羨的發展潛力，各界看好全世界的經濟發展。如果把美國的經濟與利率放在分子，世界其他國家的經濟與利率放在分母做比較，就能得到答案。

匯率上升為什麼要擔心？

緊縮一詞有縮水、減少的意思。某人的荷包變薄，可以用正在縮衣節食來形容。有時候不是只有一個人在縮衣節食，是所有人、全世界都在縮衣節食，這種情況通常是出現強勢美元的時候。強勢美元顧名思義就是美元升值。

美元愈是強勢，股價下跌的情況會增加、利率也是經常上升、信用評分跟著變得嚴苛，不管去哪裡都不容易借到錢，這種情況稱為「金融情勢緊縮」。金融情勢緊縮時，企業不得不縮減投資，家計部門則會減少消費。國際原物料的採購習慣使用美元，所以業者進口原

24　作者註：量化寬鬆政策（quantitative easing，簡寫為 QE）是當中央銀行的政策利率已經下降到接近零，無法再以降息刺激經濟，但是經濟復甦的力道仍然未達期待，因而採行的政策。這時中央銀行為了引導長期利率下降（政策利率屬於短期利率），利用不斷買入國債的方式大規模增加流動性，中央銀行持有的資產會增加。

物料時，成本也會因為匯率上升而增加。簡單來說，出現強勢美元的時候，也就是美元兌韓元匯率上升時，大概會發生前述現象。

如同前面所說，美元的影響範圍很廣。2022 年除了美元之外，其他資產幾乎都是貶值，這個現象就與美元升值有關。所以如果美元變強勢，應該想到「要傷腦筋了」。現實生活中，美元不僅是美國使用的錢，也是「錢中之錢」，是全世界最常被使用的錢，也是銅臭味最強烈的錢。

1971 年美國尼克森政府[25] 的財政部長約翰・康納利（John Connally）曾說：「The dollar is our currency, but it's your problem.」

「美元是美國的貨幣，卻是你們的問題。」這句話經常被後人引用，表現出美國享有美元是國際準備貨幣的特權與優越感。

康納利說這番話時，美元正處於弱勢，美元處在弱勢已經讓全世界很傷腦筋，可想而知，強勢的時候就更不得了。若美元持續維持強勢，經濟主體就必須統統勒緊褲帶，對未來的展望轉為保守，容易造成全球股價下跌。

股票市場是用來交易企業發行的股票。大部分的企業都有負債，借期屆滿時必須還款，企業常會利用借新債來還舊債。萬一這個時候美元變強勢，企業要借款會變得困難。當所有企業都面臨著資金周轉不易，加上消費者減少消費，就會造成企業的營收縮水，影響投資活

25　譯註：理查・尼克森（Richard Nixon）在 1969 年至 1974 年擔任第三十七任美國總統。

動，資金來源枯竭。這就是當美元價格達到高點時，非常容易發生的現象；這時的美元也有「美元王」（King dollar）之稱。

利率上升的時候，企業面對原本的債務償還也會有比較大的壓力。當利率上升時，企業必須以較高利率辦理新的貸款，金融機構的信用評等會變嚴苛，就算維持相同的信用等級，加碼利率也容易上升。高利率如果讓經濟轉壞，企業的獲利自然會減少，連帶影響信用等級下降，這些問題在美元強勢的時候絕對有可能發生。

利率是錢的價格，當韓國的利率上升，韓國的貨幣價值也會上升，國內的金融情勢變得緊縮。如果是美元的價值上升，因為美元如同全球的經濟命脈，可以看成全世界的貨幣價值上升，容易造成全世界的金融情勢緊縮。從下頁圖可見，每次只要美元升值，過一段時間之後，韓國的公司債加碼利率就會跟著上升。

談論利率時，有所謂的加碼利率或利差（spread），是用來與指標利率相加的利率；指標利率則是當作基準的利率。現實生活中，作為基準的短期利率雖然是由中央銀行決定（例如韓國銀行的基準利率），其他各種到期時間不同的利率就不是由中央銀行決定，而是依照市場的供給與需求自主決定價格。假設三年期國債利率、十年期國債利率在韓國是決定三年期、十年期利率的基準，這兩項國債利率就是由市場機制自主決定。國債是由國家發行的債券，並非特定公司，是一國之中最值得信賴的債券。

因此，從五年期公司債的加碼利率便可看出，該公司債的利率比五年期國債利率高出多少。每家公司的信用等級差異懸殊，長期維持

韓國公司債加碼利率與美元兌韓元匯率走勢比較

—— 公司債（BBB-，5Y）加碼利率（左）
—— 美元兌韓元匯率（右）

資料來源：彭博新聞社

穩定運作、財務狀況也很良好的公司，信用等級會比較高；營運不善的公司，信用等級就會偏低。業界有專門評估信用的機構，把公司、機構、國家的信用等級分為兩大類：投資等級（適合投資）與投機等級（不適合投資），裡面再加以細分。即便是具有公信力的專業評估機構，每家機構提出的信用評估結果也不會完全相同。韓國雖然也有專業的信用評估機構，下表僅整理有國際公信力的三大機構評等分類。

三大專業信用評估機構的長期信用等級分類

穆迪 （Moody's）	標準普爾 （S&P）	惠譽國際 （FITCH）	適合投資與否
Aaa	AAA	AAA	適合投資
Aa1 Aa2 Aa3	AA+ AA AA-	AA+ AA AA-	
A1 A2 A3	A+ A A-	A+ A A-	
Baa1 Baa2 Baa3	BBB+ BBB BBB-	BBB+ BBB BBB-	
Ba1 Ba2 Ba3	BB+ BB BB-	BB+ BB BB-	不適合投資
B1 B2 B3	B+ B B-	B+ B B-	
Caa1 Caa2 Caa3	CCC+ CCC CCC-	CCC+ CCC CCC-	
Ca C	CC SD&D	CC、C DDD、DD、D	

資料來源：整理自韓國主要銀行的事業報告書

　　投資等級是從 BBB- 往上，AAA 跟 A 的等級比 BBB- 高，BBB- 可看成是適合投資的最低標準，更低的信用等級就不適合投資。

　　言歸正傳，加碼利率是依照經濟主體的信用狀況採計，並非固定不變。當總體經濟形勢明顯轉壞，先前一直準時還款的債務人就算信用等級維持不變，如果還款能力突然變差，加碼利率就可能上升。反之，當經濟景氣良好，加碼利率可能下降。

　　在「韓國公司債加碼利率與美元兌韓元匯率走勢比較」圖中，美元兌韓元匯率與加碼利率走勢維持著一段時間差，這是因為貨幣政策要對實體經濟（real economy）發生影響，中間存在落後時間差。先前以固定利率辦理貸款的債務人，在貸款期滿必須還款之前，不會直接受到利率上升的影響；以機動利率辦理貸款的債務人，只有在還利息的時候會感覺到利率上升的壓力，但是貸款期滿時，信用等級可能下降，利率與信用加碼利率可能上升，這時才會面對更大的資金壓力。

　　此外，企業或機構在海外以美元籌資的情況很常見，如果美國升息或美元升值，企業或機構以韓元支付的本金就會增加。面對升息，債務人的真正考驗是從貸款到期才開始，所以距離債務人實際感受到升息的壓力，會有一段時間差。世界各地發生的美元負債愈多，美元就愈強勢、匯率也會上升，讓債務人更辛苦，這種金融壓力特別容易傳染。

股市、利率與美元的關係

　　在說明股價與美元、利率與美元匯率的關係之前，我想先談談股價與利率。正式開始前，大家先思考一下金融活動的時間概念。金融活動有一個神奇功能，就是可以連結現在與未來，透過交易讓資金搭乘時光機，去到未來或回到現在。資金搭乘時光機去未來的部分，我會在第三篇「典型的匯率風險管理，遠期外匯」說明，這個單元只討論現在的情況。

　　「時間就是金錢」這句話雖然是老生常談，卻也最忠實地闡述了時間的價值。「與時間賽跑」、「時間就是最好的良藥」、「只能把一切交給時間解決」等，生活中有許多格言都在強調時間的重要。只要決定把時間投入某件事，其他事情就只能拋在腦後，表示要做的事情有拋棄其他事情的價值。時光荏苒，一去不復返，這就是時間的重要性。

　　利率可以客觀衡量時間的價值。向別人借錢或借錢給別人，這中間付出與獲得的東西稱為利息；如果把本金附帶的利息除以本金，得到的比例就是利率。

　　股價是**股票**㉖ ㉗ 的價格。投資人若購買某企業發行的股票，就是買了該企業的股份，取得主人的權利。股東（stockholder 或 shareholder）一詞就是指股票的主人。

　　股票市場到處充斥著不確定性，沒有人知道股價會飆漲到哪裡，所以買賣股票的散戶容易受朋友或大環境的氣氛影響。**在不確定的狀況之下，周遭的人如果採取行動，該行動就會成為強烈的訊號，社會心理學稱這個現象為社會認同或社會證據（social proof）**。社會證據與物理證據（physical evidence）是相對的概念，假設已經發生水災，發生水災是物理證據；雖然還沒發生水災，只要大家都相信即將發生水災，這就會成為社會證據。換句話說，假如我身邊的所有人都在買進某支最近非常被看好的股票，這會成為非常強烈的社會證據。即便我對該股票一無所知，當我也跟著買進時，內心不會有任何排斥的感覺，反而覺得非常安心。

26　作者註：投資人公開交易股票的地方是典型的股票市場，也有專門交易未公開發行股票的市場。韓國典型的股票市場有 KOSPI 市場、KOSDAQ 市場與 KONEX 市場，在這三個市場交易的股票都是上市股票。交易未公開發行股票的市場不對外公開，這種股票稱為場外交易或上櫃（OTC，over the counter）股票。

27　譯註：KOSPI、KOSDAQ 與 KONEX 都是由韓國交易所（KRX，Korea Exchange）營運的股票市場。KOSPI 是韓國綜合股價指數（Korea Composite Stock Price Index）的縮寫，上市條件最嚴格，三星電子、樂金電子等韓國大企業的股票在此交易。KOSDAQ 是科斯達克指數（Korea Securities Dealers Automated Quotation）的縮寫，上市的資本、營收等條件比 KOSPI 低，中小企業與新創企業的股票在此交易。KONEX 是科那斯指數（Korea New Exchange）的縮寫，未達 KOSDAQ 上市資格的中小企業與新創企業股票可在此交易，是第二個中小企業與新創企業的股票市場。

在社交媒體（SNS，social networking site）上常有街頭實測影片，其中一種是故意選在安靜的巷弄拍攝，由拍攝者找來一群演員，發現測試目標後，這群演員就會擺出很嚴肅的表情，一起快步朝測試目標前進。由於當事人不知道自己是測試對象，莫名其妙看到一群表情嚴肅的人快步迎面而來，通常會因此停下腳步猶豫幾秒，接著立刻掉頭加速離開，彷彿是在逃命。

其實這就是一般散戶在股票市場會有的行為。大多數的投資人都是不明就裡，一味跟著市場風向行動，主導的勢力只是極少數。大部分的投資人對投資目標只有膚淺的了解，用從眾心理在群眾之中尋求內心安定，完全沒意識到自己的投資行為像在賭博。俗話說忠言逆耳，假如有人對我投資的股票持相反意見，我大概會極力反駁對方，變成起口角衝突，而不是靜下心來檢討這次的投資決策。只看自己想看的事情、只聽自己想聽的話。這種選擇性接受事實（fact）的現象，在宗教活動與政治活動也很常見。**如果信念愈來愈堅定，就算出現足以反駁的證據，當事人也會堅決否定現實**。當投資人與自己投資的股票陷入愛河，經常就會掉入這種陷阱。

股票市場的股價、債券市場的利率有一項共通點，就是時間的概念。金融活動的核心是把時間當作媒介，進行資金的融通。股票的價格，也就是股價，是預估企業未來可賺得的現金流量，將其換算成現在的價值。投資某家企業的股票，就是對該企業的未來發展進行投資，特別是帶動市場風向的大型潛力股，該公司的未來事業價值比現在的價值更受重視。

　　債券是向投資人借款的證書，以約好未來還款作為前提，把約定可能無法兌現的風險（信用風險）一併反映在利率上。換句話說，股票和債券一樣，都是以未來能收到的現金為基礎，現在就進行相對應的現金交易。

　　股票與債券遍布世界各地，韓國人可以投資海外的股票與債券，外國人也能投資韓國的股票與債券。只是投資的股票、債券不是用投資人本國的貨幣計價，海外投資一般都會伴隨外匯市場的匯兌交易，會對匯率造成影響。

　　美元是韓國人從事海外投資的媒介，同樣也是外國人對韓國投資的媒介。韓國人買美國股票的時候，在美國不是用韓元結帳，必須先把韓元兌換成美元。相反的，有意投資韓國資產的外國人，必須先把美元帶到韓國，在韓國把美元兌換成韓元，才能開始投資。

　　比方說，想投資韓國（日本、台灣）資產的外國人增加，市場上會因為賣出美元、買入韓元（日圓、台幣）的勢力增強，造成美元貶值。因為只要想賣出特定資產的人增加，該資產的價值自然就會減少。相反的，如果想賣出韓國（日本、台灣）資產的勢力增強，賣出韓元（日圓、台幣）、買入美元的交易量增加，美元就會升值，也就是美元兌韓元（日圓、台幣）匯率上升。因此，當外國人大舉買進韓國（日本、台灣）股票或債券，美元兌韓元（日圓、台幣）匯率容易下降；若外國人大舉賣出韓國（日本、台灣）股票或債券，美元兌韓元（日圓、台幣）匯率就容易上升。

　　前面已經提過，股價與利率的共通點是都有時間的概念，金融

活動的核心是以時間作為媒介，進行資金的融通，在決定匯率的外匯市場也是一樣與時間有關。法律沒有規定貨幣之間的兌換只能現在、立刻進行（①）。依照資金需求，可以現在就約好在未來才進行交換（②）。現在交換貨幣之後，也可以經過一段時間（期滿），到期日才把貨幣換回（③）。①是即期外匯（spot exchange）、②是遠期外匯（forward exchange）、③是外匯交換或稱換匯交易（FX Swap）。依照全球外匯市場的交易量統計，③的交易量接近①的兩倍（②的交易量大約①的一半），表示有時差介入的貨幣交易需求遠高於立即的交易需求。如果不是外匯市場的從業人員，①、②、③這幾個金融用語不必全部熟記，只要知道在外匯市場上，有時間當作媒介的交易比較多，股價、利率、匯率等所有金融變數也都隱含著時間的概念。想多了解①、②、③的讀者，請參閱第三篇的「遠期外匯交易、換匯換利交易、換匯交易有何不同？」單元。

｜第3堂課｜
開始買美元吧！

　　投手投出的這一球被第四棒穩穩擊中，朝向外野直直飛去，彷彿會越過中外野手的頭頂。外野手的手套沒碰到球，是一支二壘安打。

　　（球迷內心對中外野手吶喊）「不是啊，你應該早點起跑才對嘛！不然也裝個機械手臂。」

　　足球比賽正如火如荼進行，輪到對方進攻，傳球、閃過、一記頭槌射門，守門員沒擋下這一球。

　　（球迷發出哀嚎）「不會吧，守門員你也認真一點！」

　　這是收看球賽經常可以目睹的場景，一切總是用看的簡單、用說的容易。流露失望的嘆氣聲、對戰績不佳的責罵聲，從觀眾的立場滿是鬱悶之情，但是別忘了場上的選手可都是非常專業。

　　相對於在場上賣力奔跑的選手，球迷從賽事轉播可以用不同的角度看棒球飛行軌跡、清楚看到中外野手的行進路線、完整看到球賽進

行。換句話說，場上選手只能從有限的角度看球、追球，球迷卻可以透過多台攝影機的跟拍，從各種不同的角度看球。

尋找優質資產也是如此，了解某項資產的價值固然重要，但是知道該資產與我已經擁有的其他資產是否相配也很重要，必須從**整體的角度**進行評估。

何謂優質資產

優質資產的真正價值通常不為人知，萬一有人知道，表示該資產已經漲到天價。不論是再優質的資產，只要市場上的價格已經高於實際價值，這項資產就不值得投資。成功的投資必須是在低價的時候進場，美國拓展領土的歷史也正是如此。

優質資產不會自己展露光芒

俗話說：「條條大路通羅馬。」現在的錢和金融則是通向紐約。說不定美國人的祖先流著資本家的血，雖然美國人曾經殘忍地屠殺印第安人，但是美國人很幸運，在沒有激烈的戰爭之下，只用很少的金錢就取得了廣大的領土。

1803 年的路易斯安那購地案（Louisiana Purchase），美國向法國買下北美洲大陸中部的路易斯安那領地（不是現在的路易斯安那州），面積大約有美國本土的三分之一。北美洲遼闊的土地由於歷史淵源，迫使法國拱手讓出，這就如同幸運之神站在美國這一邊。美國

以每平方公里 7 美元的價格買下路易斯安那領地，成為美國歷史上最英明的採購決策之一，也讓美國的國土面積一夕之間加倍，開啟了西部大開拓時代（American frontier）。

之後在 1867 年，美國用 720 萬美元（每平方公里約 4 美元）向俄羅斯買下俄羅斯認為不易管理的阿拉斯加，主導購地案的國務卿[28]被嘲諷是「花了 720 萬美元，買了一個沒有用的大冰箱」。但是經過了一個世紀，美國在阿拉斯加發現全球第三大油田。1973 年發生第一次石油危機時，美國著手開採阿拉斯加油田，現在那裡還有不少油田尚未被開發，地底下蘊含了豐富的黑金。

遼闊的土地、上帝恩賜的天然資源，再加上左右兩邊有一望無際的大海，這些成為保護美國不受其他強國威脅的地理優勢。回想中國在歷史上為了管理接壤的鄰國，花費了無數心力，美國根本是強烈的對比。

似乎有一種說法，聰明的人贏不過努力的人，努力的人贏不過運氣好的人。美國除了聰明也很努力，加上又有好運氣，現在要找到能超越美國的國家實在不容易。

以 2022 年為例，全世界遭遇能源危機、農作物與糧食供給短

---

28 譯註：1867 年 3 月 30 日美國國務卿威廉・H・西華德（William Henry Seward）和俄國駐美大使愛德華・德・斯托克爾（Eduard de Stoeckl）達成協議，簽署阿拉斯加購地案（Alaska Purchase）；買賣的條約在 1867 年 4 月 9 日於美國參議院通過。

美國向法國買下的路易斯安那領地（深色區域）

ALBERTA
SASKATCHEWAN
CANADA
MONTANA
NORTH
DAKOTA
MINNESOTA
SOUTH
DAKOTA
WYOMING
NEBRASKA
IOWA
Denver
COLORADO
St. Louis
KANSAS
MISSOURI
NEW
MEXICO
OKLAHOMA
ARKANSAS
TEXAS
LOUISIANA
New Orleans
MEXICO

資料來源：維基百科（原出處為 Natural Earth and Portland State University）

缺，美國因為有上帝恩賜的土地，缺糧的問題相對不如其他國家嚴重。在能源安全、糧食安全成為全球關注焦點的時代，美國的能源不但自給自足，甚至還有多餘的可以出口，成為能源淨出口國；穀物與糧食供給同樣也是淨輸出的資源富國。歐洲因為對俄羅斯實施經濟制裁，必須減少俄羅斯的天然氣進口，美國則對歐洲表示，可以提供天

然氣支援。

如同在美國歷史所見，優質的資產不會一開始就自己展露價值，真正的價值也不會很快就被發現，只存在於投資人的心裡。萬一投資人心中期待的價值最後被發現是一場空，可就相當難堪。大家千萬要注意，不要被過度吹捧的神話、前景光明的未來誘惑，必須謹慎選擇優質資產。

從風險與報酬看優質資產

如何算是優質資產呢？只要資產的價格長期維持上漲走勢，就算是具備優質資產的資格嗎？

資產價格持續上漲、長期維持上漲走勢當然很好，但市場價格變化莫測，價格變動的幅度太大也不是好事。如果價格的漲跌幅很大，大漲的時候固然不錯，大跌的時候就會很慘，萬一跌幅過深，投資人對該資產就會失去興趣，進而考慮設停損點。在投資的世界裡，沒有任何事情是絕對的，就算是看起來非常厲害的資產，也有可能在一夕之間化為泡影。例如，十九世紀是英國的全盛時期，當時主導英國金融界的奧弗倫－格尼公司（Overend, Gurney & Co）也稱為街角樓（Corner House），某一天突然消失得無影無蹤。

就算不是奧弗倫－格尼公司這麼極端的例子，優質資產也免不了會有價格下跌的時候，萬一跌幅超乎預期，投資人容易失去信心，即便在虧損狀態，也會猶豫是否在下跌更多之前趕快賣出。

　　此外，漲跌幅很大，代表投資人如果想要賺到較多利潤，必須承受較高的風險。即便是風評很好的公司，如果業績好的時候賺到非常高額的獲利，業績差的時候會有非常大的虧損，這家公司就有可能因為無法承受而破產。

　　所以，優質資產的價格不一定能帶來高獲利，就算預期獲利不是很高，只要風險報酬相對良好，就能算是優質資產。至於對風險較不敏感的資產，如果預期獲利比應承擔的風險還低，對投資人也不會有吸引力。因此，個人資產如果全部都由避險資產組成，並不是一件好事。從風險報酬的角度來看，還是必須注重優質資產的價格。

　　除了漲跌幅、風險報酬之外，價格走勢的持續時間也是一大重點。假如某甲把個人資產全部都換成美元，是不是就能高枕無憂？萬一美元維持弱勢長達五年的歷史重演，某甲是否能挺過這麼長的時間？實際上從 2002 年起，連續五年美元兌韓元匯率都像在坐溜滑梯，沒有人能保證匯率下降或上升的時間長短。

用全局的觀點調整資產分配

　　選擇了優質資產不代表一切結束，應該還要思考這項資產與手上的其他資產是否能互補。人心非常善變，就算是在非常篤定的心態下進行投資，如果過了一段時間，價格變化不如預期，就會開始掙扎是不是應該賣出。這時如果能找出可抵銷這筆損失的其他資產，甚至是擁有這樣的資產，就能減少急於脫手優質資產的衝動。

　　假設有位投資人同時持有韓國的大型績優股與位在首爾黃金地

段（江南）的住宅，依據 KOSPI 股價指數與江南集合住宅的房價走勢圖可以發現，兩者的長期走勢大致相同，差別只在於江南集合住宅的房價漲跌幅較小。要成為一個好的資產組合，除了各自的價格都要能維持長期上漲走勢，在其他資產價格下跌時，也要能對沖風險，讓其他資產穩定。但是國家本身就有一定的風險，就算持有的資產種類很多，如果都是相同國家的資產，相互彌補風險的效果有限，所有的資產價格可能一起下跌或一起上漲，如同亞洲金融風暴時的狀況。沒有人能保證會不會發生更壞的情況，在投資的世界裡，必須考慮所有的可能性。

在此先做個整理，建議大家記住下面的內容。關於資產價格，就算長期能維持上揚的走勢，如果想安然度過這段期間，不對資產進行任何處分，關鍵在於要能因應突發的價格下跌。突發的價格下跌讓人措手不及，是否會在短期內結束，必須等到真正價格回升之後才會知道，那時候會覺得一切看起來都很理所當然。明明就是事後諸葛，卻誤以為自己能預測事情的結果，這種後見之明偏誤（hindsight bias）是一種心理陷阱。因此，想要安然度過價格下跌的期間，手上必須同時持有能彌補虧損的其他資產，只持有短期獲利率高的優質資產或避險資產並非好事。

大家應該也要了解避險資產的屬性。所謂的避險，就是獲利機會比較少的意思，天下沒有白吃的午餐，想要有高獲利，自然必須承擔高風險。如果只是想找安全的避風港，你就必須對低獲利感到滿意。

除了持有能提供高獲利的風險資產（risk assets），同時也持有能互補的避險資產，這會是最佳選擇。 這裡的重點在於，選擇資產時，不能只看個別資產的獲利率，必須從整體的角度看資產分配是否互補。投資人如果只注重個別的資產獲利率，反而會適得其反。我認為適合與韓國資產搭配的避險資產是美元，這也是我在這本書裡不斷想傳達的概念。更詳細的內容會在第二篇的「美元與 KOSPI 指數」及「全球股票市場與美元」單元搭配圖表呈現。大家要切記，以往韓國發生經

資料來源：彭博新聞社

濟危機的時候，美元的價格都是上漲。

下面一起來看看避險資產有哪些。

代表性的避險資產

安不安全、有沒有風險是相對的概念，就算是金融市場上公認的避險資產，一樣也有虧損的風險。最具代表的避險資產應是美元，但是美元價格也有下跌的時候。

美元

如果與韓元相比，美元是避險資產。美國國債屬於避險資產，韓國國債如果與企業發行的公司債或股票相比，也是避險資產。金融市場上的避險資產，主要是在股票等風險資產的價格下跌時，根據以往經驗，可以維持價格上漲走勢的資產。美元在風險資產價格下跌時，大都能維持價格上漲的走勢，因此被視為避險資產。不過現實生活中沒有絕對完美的避險資產，當風險資產價格下跌的時候，美元價格有時也會一起跌。

風險資產價格下跌時，美元價格上漲的現象已經在第 2 堂課「匯率上升為什麼要擔心？」說明過，這裡就不再贅述，大家只要記得，美元變強勢會成為一件傷腦筋的問題就行。除了美元之外，日圓也屬於避險資產。

日圓

　　自然界存在著一定的脈絡、行為模式，人類可以運用思考力去發現，並且加以應對。世界的運作雖然非常複雜，如果能從中找到一定的秩序，就能比較容易接受眼前的一切。這樣的思考力也能發揮在金融市場，在金融市場找出一定的脈絡與模式。

　　找到一定的脈絡雖然有助於了解金融市場，但是就算找到了金融市場的秩序，一樣不容易預測未來。因為在金融市場上，總有預料之外的變數不斷登場。

　　時間能改變很多事情，曾經存在的條理與秩序，可能某一天突然不再吻合，某項脈絡也可能澈底改變。有時候，我們甚至會誤認根本不存在的模式。

隨時改變的脈絡與模式

　　我們認知的脈絡或模式，不論在歷史上或市場上，隨時都可能改變。以日圓為例，雖然被大家稱為避險資產，有時候也會讓大家跌破眼鏡。作為一項避險資產，在股票等風險資產價格下跌的時候，應該要能維持價格上漲。試想，日圓作為避險資產卻沒發揮作用，結果會如何呢？

　　投資人會**把日圓視為避險資產**，主要是日本利率與國外利率的差距有關。以美國國債利率當作這裡的國外利率。通常全球股價下跌之際，市場需求會湧向美國國債（避險資產），使美國國債價格上漲、美國國債利率下降。由於日圓對國內外的利差變動相當敏感，當美國

國債利率下降時，外匯市場會出現典型的交易模式——買入日圓，這是一種利差交易（carry trade），讓日圓變強勢，所以日圓被認為是避險資產（利差交易會在第二篇的「美元與利率」單元做進一步說明）。

但是就在 **2022 年，美國出現四十年來首見的高通貨膨脹，成為影響國際金融市場的新變數**。這種陌生的大環境讓長期買入美國國債的大客戶（銀行、外國政府等）不約而同地打退堂鼓，打亂了原本的交易模式。簡單來說，股票價格（相對的風險資產）與債券價格（相對的避險資產）會以反方向變動的秩序不再，股價下跌的時候，債券價格也經常下跌（利率上升）。日本銀行（Bank of Japan）[29] 堅守超低利率的貨幣政策，極力避免日本國債價格下跌，但是日本國債的利率無法上升，造成日本與國外的利差擴大，日圓明顯處於弱勢。

這種現象有機會改變，日圓也能恢復為避險資產。只要金融市場對通貨膨脹的敏感度降低，美國國債利率下降或日本銀行對貨幣政策做出有意義的改變，日圓就能再次展現避險資產應有的價格變化。

總結而言，日圓有兩個特性，一是當股票等風險資產的價格下跌時，日圓能像避險資產一樣維持價格上漲，另一個是對國內外的利差非常敏感，但後者會優先展現。換句話說，**站在日本的立場，當國內外的利差擴大時，若全球股價下跌，日圓就不會展現避險資產的特性**，其中又以主導全球利率的美國利差是最大關鍵。

29　譯註：日本的中央銀行。

另一方面，若從貨幣政策的角度來看，日本中央銀行的決策，對外匯市場及匯率都有重大影響，日本與市場溝通的方式和美國完全不同。

日本央行最會裝模作樣

宣布的政策如果沒讓人意外，一定就不是日本銀行。日本銀行認為，如果想要讓政策發揮效果，事前就不能有任何預告，必須讓市場措手不及。先跟市場溝通不會有任何幫助，萬一市場先有動作，反而無法收到預期效果。這個作風和做決策前總會先對市場充分預告的美國聯準會明顯不同。

黑田東彥擔任日本銀行總裁長達十年，2023 年 4 月交棒給植田和男。日本的央行總裁雖然換人，作風依然沒變。植田和男上任後公開表示，預料外的政策仍有其必要；日本銀行副總裁內田真一也在上任初期的會議上表示，不能在採取政策之前，就先走漏風聲。

黃金也是非常具有代表性的避險資產，與黃金有關的內容安排在第二篇詳細介紹。

美元與投資

| 第 4 堂課 |
從美元看經濟

　　當利率上升，家計部門與企業的貸款成本提高；當油價上漲，企業的生產成本增加。如果美元升值，會產生什麼影響呢？

　　答案是會造成企業的營收縮水。這個說法你同意嗎？下面一起來看看美元升值會有什麼影響。

　　一般來說，**美元價格到底應該要上漲好？還是下跌好呢？**這個問題，我在第一篇曾用過猶不及作答，但是在這個單元，我要用另一個角度進行分析。同樣是以過猶不及作為前提，探討美元到底該強勢比較好？還是弱勢比較好？

　　首先，我要從韓國經濟主體持有美元的角度來看。對從事出口貿易的業者來說，當公司賣出一個售價是 1 美元的產品，如果匯率從 1,000 韓元上升到 1,200 韓元，公司得到的金額就能從 1,000 韓元增加到 1,200 韓元。對持有美國股票的韓國投資人來說，若在匯率上升的時候賣掉股票，得到的獲利換算成韓元金額也會比較多。在這兩個例子裡，看起來都是匯率上升比較好，是否當真如此？

改從想買美元的角度來看，想買美元的人面對匯率上升，立場可就不同了。對準備去夏威夷旅遊的人來說，內心肯定是默默祈禱匯率不要上升。因為當匯率從 1,000 韓元上升到 1,200 韓元，想要兌換 1,000 美元，不再只需要 100 萬韓元，而是必須花費 120 萬韓元。對把子女送到國外留學的父母來說，必須定期向國外匯出學費與生活費，最好也是匯率下降，負擔才會減輕。對從國外進口原物料的企業而言，同樣是匯率下降才是好事。

對已經持有美元的人來說，匯率上升也不一定全然都是好事，依然有一些問題必須考慮，下面深入討論。

美元為何是全世界的經濟命脈

「全方位」大概是最適合形容美元用途的詞彙，在所有可能的範圍裡，美元最被廣泛使用。國際貿易最常使用美元，把美元作為貿易融資的貸款幣別，很容易進行轉換。因為銀行在收到外國進口業者付款之前，先讓出口業者提領貨款的情況很常見，銀行事後才會收到進口業者入帳。雖然銀行等待進口業者入帳的期間很短，不過銀行先對出口業者提供的資金依然屬於貸款性質。而全球國際貿易有壓倒性的比例使用美元結帳，美元自然成為貿易商的貸款幣別。

世界各國的中央銀行都會持有外匯存底，作為緊急預備金，其中美元的比率超過 60％，比 1990 年的水準高。不過在二十多年前，美元占外匯存底的比率曾高於 70％，相形之下現在已經降低不少。這

二十幾年來，以美元作為緊急預備金的外匯存底比例減少，但是空出的位置並不是被歐元或人民幣填補，也不是遭遇這兩種貨幣威脅，而是外匯存底的幣別增加了許多種貨幣，其中也包括韓元。

美元不但掌握了資本市場，也掌握了國際間的金融交易。世界各國在海外發行的債券中，除了發生全球金融海嘯的 2008 年，其他年度以美元計價的比率一直都高於 60％，剩餘的部分有一半以上是以歐元計價，用其他貨幣計價的債券比率非常低；韓國企業或機構在海外發行債券，大都也是用美元計價。換句話說，經濟主體在海外利用發行債券籌措資金，主要也是以美元為優先。

因此，美元在借貸市場也是最常被使用的貨幣。但是借來的貨幣如果升值，可是會讓借款人傷腦筋。假設韓國公司 A 發行美元計價的債券，在美元低價時，以匯率 1,000 韓元借得 100 美元。不料，美元後來開始升值，還款日的匯率已經上升到 1,500 韓元，代表 A 公司若要償還 100 美元，每 1 美元必須要付出 1,500 韓元。面對這個情況，A 公司只能立刻縮減開支，實施緊縮的營運策略。

企業經常會在原本的貸款到期之前，借新的債務來償還舊的債務，稱為借新還舊。延續 A 公司的例子，假設 A 公司新發行 100 美元的債券，想用這筆資金償還前次債務。但是眼前的大環境已經和前次發行債券時不同，美元升值有可能是因為美國利率上升所造成，這會讓新發行的債券利率變高。美元升值會讓許多有美元債務的經濟主體暴露在風險之下，信貸機構的信用評估也會變嚴苛。簡單來說，不是只有市場利率上升，依照信用等級採計的加碼利率也有可能上升。

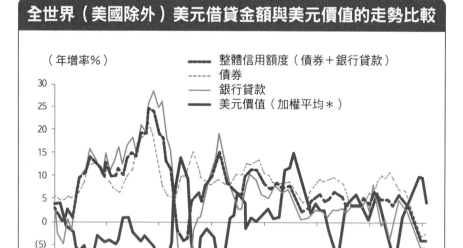

全世界（美國除外）美元借貸金額與美元價值的走勢比較

（年增率%）

整體信用額度（債券＋銀行貸款）
債券
銀行貸款
美元價值（加權平均＊）

＊美元價值的加權平均是名目有效匯率（NEER，nominal effective exchange rate），也就是美元對主要貿易對手國貨幣匯率指數的加權平均數。

資料來源：國際清算銀行（BIS）、Refinitiv

　　上圖將世界各國（美國除外）經濟主體（不包含銀行）的美元借貸金額與美元的加權平均價值年增率進行比較。美元借貸金額分為在資本市場發行的美元計價債券（灰色細虛線）、向銀行申請的美元貸款（細灰線）；兩項資料的合計以粗綠線虛線標示。美元價值與借貸方式的數據大致上成反比，在上圖呈現反方向變動。這代表美元強勢的

時候，要借美元變得不容易；美元弱勢的時候，經濟主體比較容易借到美元。

換句話說，美元升值如同掐住全世界的經濟命脈，使經濟面承受的壓力增加，經濟主體資金調度不易，打擊金融市場參與者的心理層面。這時候股票等風險資產的價格容易下跌，避險資產的價格容易上漲。

美元與油價的關係

原油（未經提煉的石油）價格簡稱油價，油價上漲會讓一個國家的物價也跟著上漲，貿易收支的逆差擴大，猶如雪上加霜。石油在現代社會的用途很廣，油價上漲一定會讓經濟主體的成本壓力變大。

石油之所以被稱為黑金，因為不論是在天然狀態或是提煉過程產生的副產品，都能投入產業生產。石油的衍生性產品範圍很廣，聚氯乙烯（PVC，polyvinyl chloride）、塑膠等都是。若說石油主宰現代人的生活，這句話一點也不為過。

石油能當作汽車、飛機、船舶等交通工具的燃料，也能用來發電。韓國消耗最多石油的地方是工業需求。韓國的石油進口量與消耗量都如同韓國的經濟規模，排名在全球前十名內。

如果油價上漲，就算維持相同的進口數量，進口原油的金額也會增加。淨出口的計算是用出口減進口；淨出口也算在國內生產毛額

（GDP）之中，因此在油價上漲時，淨出口減少會使經濟成長率衰退。

其實，目前為止談的都屬於理論，假設出口量不受原油價格波動影響，但現實狀況截然不同。

韓國出口與油價的關係

韓國的出口不僅僅與原油價格有關，而且還有正相關。雖然OPEC有時候為了提高油價，產油國家會相互勾結一起減產，聯手操作油價，不過全世界的原油需求增加，也是造成原油價格上漲的主因。這裡必須注意的是，**當全世界的原油需求增加**，表示製造業充滿活力，全世界的生產活動也在增加，所以海外市場對韓國出口品的需求也會增加，下頁圖就是最好的說明（製造業對全世界的需求、景氣特別敏感；韓國是製造業大國）。

下頁圖的縱軸坐標為年增率，當原油價格上漲時，韓國的出口也是增加；當原油價格下跌時，韓國的出口也是減少。在現代工業的發展過程，石油幾乎被廣泛使用在所有生產階段，從原油的價格變動就能觀察到全球景氣與製造業的景氣，油價也可作為測量經濟景氣的溫度計。

韓國的出口指標一樣可以看出經濟景氣的變化，不僅對韓國企業、政府、家計部門重要，對遊走於全球各大金融市場的全球投資人也非常重要，可作為**觀察全球經濟與貿易熱度的經濟指標**。

因此，如果看到原油價格上漲，立刻就認定會對韓國經濟產生負

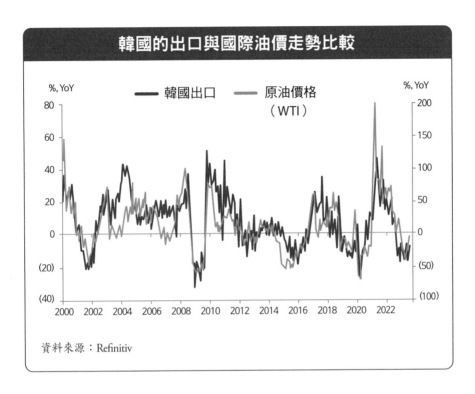

韓國的出口與國際油價走勢比較

韓國出口 原油價格（WTI）

%, YoY

%, YoY

資料來源：Refinitiv

面影響，這樣的想法是錯的。如同前面所說，一旦油價上漲的原因不是來自需求拉力，而是供給面的因素造成，這時就會對韓國的經濟產生負面影響。

最近一次發生原油價格上漲，韓國卻是出口衰退，是在俄羅斯入侵烏克蘭，造成國際原油價格大漲之際。這是因為戰爭讓國際原油市場擔心供給不足，引發原油價格上漲，對全球經濟造成衝擊，才促使韓國的出口減少。換句話說，當原油價格上漲的因素來自於供給減

少而非需求增加時，會對韓國的出口、物價、貿易收支皆帶來負面影響。然而，供給面造成的原油價格上漲因素無法精準計算，需求面對原油價格的影響通常比供給面更重要。

美元與油價的關係

回到正題。原油是以美元計價，也以美元交易，所以就算今天的原油價格與昨天一樣，如果今天的美元價格比昨天高，進口原油的韓國企業與全世界的需求者，都得用更多資金（更多本國貨幣）才能進口。因此當美元升值，買入原油的實質價格會上漲（必須支付的本國貨幣金額增加），使原油的需求減少。

舉例來說，假設昨天的原油價格是每桶 50 美元，美元匯率為 1,000 韓元。若美元匯率今天上升到 1,200 韓元，今天的原油進價會從每桶 50,000 韓元變成每桶 60,000 韓元。需求數量明明沒變，手頭上的資金卻需要更多，業者只能無奈地節省開支。這麼一來，想買原油的企業減少購買量，需求減少讓原油價格下跌，每桶下跌到 40 美元（此為假設的數字）。換句話說，當美元升值（美元兌韓元匯率上升），原油價格會下跌。

假如今天是美元貶值，依照相同邏輯，會出現反方向的變動。也就是企業進口相同數量的原油，只需要較少的本國貨幣，有餘力可以進口更多。由於業者對原油的購買量與需求雙雙增加，會引起原油價格上漲。

不過，這裡有一個例外，同樣是在 2022 年俄羅斯與烏克蘭開打

之後。雖然美元升值（美元為交易幣別）通常會造成原油等能源的價格下跌，但是能源市場受供給面的影響較大，市場擔心在美國、歐洲的制裁之下，俄羅斯出口原油及天然氣受阻，供給面衝擊的陰影使油價蠢蠢欲動。當時即便是美元升值，油價等能源的價格依然維持上揚走勢，造成韓國及其他原物料進口國承受加倍的負擔。

美元與韓國出口的關係

匯率上升、美元升值時，大家可能認為只會對從事出口貿易的大企業有好處，因為如果把收到的美元貨款兌換成韓元，韓元金額會因為匯率上升而增加。不過實際上沒這麼單純。

假設 A 公司沒有任何產品在國內銷售，所有產品都用來出口，計算 A 公司的營收就是把產品的單位價格（以下簡稱單價）乘以銷售數量，最後再乘以匯率。難道在**美元兌韓元匯率上升時，產品的單價與銷售量都不會改變**？當然不是。在美元強勢時，全球經濟景氣通常無法繁榮發展，市場對出口業者的產品需求減少，產品單價有可能大幅下跌，銷售量也會縮水。就算是專門銷售高價位精品的企業，這時候的需求同樣也可能大幅萎縮。

所以匯率與出口的關係，必須從匯率上升的幅度、產品單價的跌幅、銷售量減少的程度來評估。**一般而言，產品單價的跌幅與銷售量衰退的幅度，會大於匯率上升的幅度**，這個現象在韓國主導的記憶體市場尤其明顯。

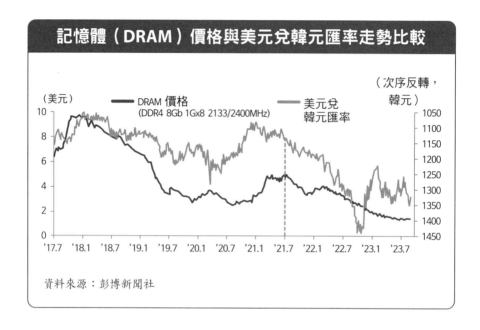

記憶體（DRAM）價格與美元兌韓元匯率走勢比較

（美元）　━━ DRAM 價格　　　　　　　美元兌
　　　　　　　（DDR4 8Gb 1Gx8 2133/2400MHz）　韓元匯率　（次序反轉，韓元）

資料來源：彭博新聞社

　　上圖時間軸（橫軸）在虛線標示的 2021 年 7 月起至 2023 年 8 月底為止，美元兌韓元匯率的上升幅度與 DRAM（記憶體的一種）的價格跌幅有明顯差距。在匯率上升 17%時，對應的 DRAM 價格跌幅高於 70%，DRAM 的價格跌幅幾乎是匯率上升幅度的四倍。由於這張走勢圖無法看出銷售量衰退的幅度，如果連銷售量的減少也一併考慮，還認為匯率上升就是對出口業者有利的話，就是見樹不見林的思考，只看到局部，看不見整體。因為匯率上升、美元走強，會造成產品的單價下跌、銷售量減少，所以不能只看到匯率上升就誤判出口業者面對的經濟環境。**當美元強勢、匯率上升的時候，出口業者也有可能處境艱難。**

美元兌韓元匯率與韓國出口增減率的走勢比較

— 韓國出口增減率（月）
— 美元兌韓元匯率（月平均）

資料來源：Refinitiv

　　前面曾說，出口業者的營收計算，是產品單價乘以銷售量再乘以匯率。上圖中的韓國出口額，就是以產品單價乘以銷售量計算。依照前面說明，匯率上升容易使韓國的出口衰退，匯率下降較容易看到韓國的出口增加。從上圖也可看到，除了發生全球金融海嘯的期間，其他時候的出口變動幅度都明顯大於匯率變動幅度。

美元走勢是現象還是問題的起因？

下列兩種敘述何者較為正確？

①**只要**美元兌韓元匯率上升，KOSPI 指數通常都會下跌。

②**每當**美元兌韓元匯率上升，KOSPI 指數通常都會下跌。

人類有編故事的本能，能針對特定現象說出適合的故事，所以有因果關係的①似乎比較合理。我們先從心理學的角度來討論。

從社會心理學的角度來看，我們容易把關注的事情看成原因，這是一種把目標當作原因的心理學現象。換句話說，從認知的特性來看，我們容易把關注的對象看成是某個結果的起因，就像我們經常認為，一個組織的領導者決定著該組織的命運，這就是領導力的浪漫思維（the romance of leadership）。我們以美元為中心看市場的時候，也會發生這個問題。

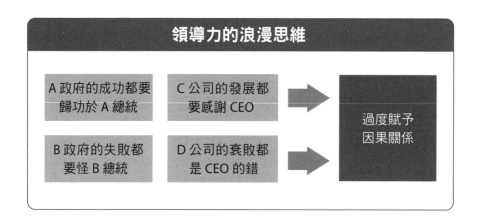

領導力的浪漫思維

A 政府的成功都要歸功於 A 總統

C 公司的發展都要感謝 CEO

B 政府的失敗都要怪 B 總統

D 公司的衰敗都是 CEO 的錯

過度賦予因果關係

　　美元價格下跌的時候，全球股票市場往往會上漲，但我們不該因此就認定，股價上漲是美元價格下跌所造成，只能說在總體經濟環境的變化相互作用之後，共同創造了資本流動。舉例來說，某一筆資本買入價格被低估的資產（例如：特定時點的韓國股票）。在全球外匯市場上，這筆資本的流動可能導致了拋售之前被過度搶購的美元，於是造成美元價格下跌，價格被低估的資產價格則可能上漲。因此，不能把美元下跌當成是股價上漲的原因，資本流動才是原因，是資本流動造成美元價格下跌、股票價格上漲。此外，投資人購買價格被低估的資產，也可能是基於看好該資產的前景。通常若沒有特殊原因就發生美元價格下跌，市場參與者也會把美元價格下跌看成一個訊號，趕緊買入風險資產，因而造成風險資產的價格上漲。換句話說，總體經濟環境可能同時造成美元價格下跌、股票市場價格上漲，其背後的直接原因有可能是出在美元，也有可能不是。

　　美元價格上漲也一樣，有可能是發生衝擊事件或美國利率上升，才會造成美元價格上漲，甚至引發其他現象。有時候會有一些人認為，是因為美元造成其他現象發生，把矛頭指向美元。美元價格突然劇烈變動在所難免，此時如果沒有任何背景能夠說明，不明就裡的市場參與者會只看到美元的價格變動，就對市場妄下判斷，認為就是美元的價格變動影響股價、影響利率。

　　如果美元的變動幅度大，受關注的程度增加，或有業務上、投資上的需求，我們的視線焦點自然會停留在美元。這本書的讀者可能也很關心外匯市場與匯率，所以我想提醒大家，當我們觀察金融市場的

任何現象，容易把美元誤認為是某種現象發生的成因，對美元賦予過多意義。

總而言之，美元的價格變化可能只是金融市場上的一種現象，大家卻容易倒果為因。

回到本單元一開頭的問題，兩種敘述何者較為正確？其實是②的情況比較常見。

| 第5堂課 |

從美元看金融市場

影響貨幣價值的變數很多，如果只探討其中一兩種，會無法理解匯率的走勢。就像造成事情發生的變數會經常改變，影響美元、美元兌韓元匯率的變數也是如此。

如果沒有逐一探討這些變數，無法看清楚美元的變化，所以接下來我將進行深入討論。

美元與利率

當美國的利率上升，美元會相對升值；當韓國的利率上升，韓元也會升值，這是很簡單的道理。這個關係如果很顯著，利用美國利率減韓國利率得到美韓利差，理論上會跟美元兌韓元匯率有很高的關聯性，但是從歷史資料來看，兩者的關聯性卻不高。反倒是比較美國與日本的利差及美元兌日圓匯率，關聯性就非常顯著。

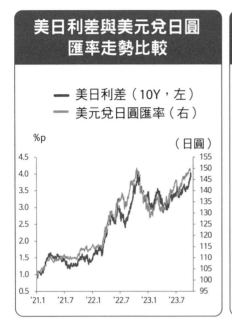
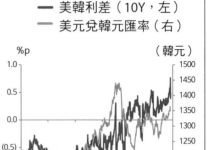

資料來源：彭博新聞社

　　如上圖所示，雖然美元兌韓元匯率受美韓利差影響，光靠這一點仍不足以解釋美元的匯率變化。換句話說，外國投資人不會光看利率就決定對韓國投資，想要用利差獲利，一定還有其他條件。

　　剛才比較了兩國的國債利差與匯率，我們也可以拿基準利率的利差跟匯率做比較，結果會跟剛才大致相同。

　　為何同樣都是跟美國做比較，韓元跟日圓有這種差異？日圓是哪裡不同？為何日圓對利差比韓元敏感？

　　日圓與韓元最關鍵的差異在於，日圓是國際貨幣，交易自由，

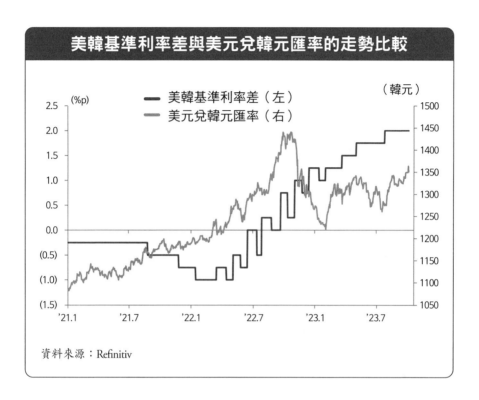

美韓基準利率差與美元兌韓元匯率的走勢比較

資料來源：Refinitiv

　　韓元在全世界投資人的眼裡則是有限制性的貨幣。以我撰寫本書此刻為例，2023 年在金融市場上，因為韓元的交易受限，很多人認為韓國是新興國家。一般民眾對這一點可能沒有深刻的感覺，不過韓元在國際上的金融交易非常受到限制，韓國主管機關正在設法改善這種局面，要讓韓元的國際地位與韓國的國際地位相符，甚至喊出「外匯市場先進發展」的口號積極推動。

　　國際資本的移動很容易受國際間的利差影響，所以有許多交易是利用利差來賺錢，稱為利差交易（carry trade），這種交易在外匯市

場占相當高的比例。利差交易必須要有兩種貨幣，一種是高利率的貨幣，也就是投資標的；另一種則稱為融資貨幣（funding currency）。融資貨幣的幣別必須是流動性高、利率低、貨幣價值穩定或貶值的貨幣，因此美元、歐元、日圓等交易不受限制且流動性高的已開發國家貨幣，常被當作融資貨幣。其中，又以日圓長期維持在低利率，最常被當作融資貨幣；日圓對利差敏感的特性源自於此。當日本與國外的利差擴大（縮小），日圓通常會貶值（升值）。

　　雖然美韓利差與美元兌韓元匯率的關係不太密切，這只是敏感度的問題，不代表國內外的利差完全與匯率無關。特別是在 2022 年至 2023 年，美元相對於全世界的所有貨幣幾乎都是升值，這時就不能忽略美國利率扮演的角色。此外，在美國利率上升、美國調升基準利率的過程，最關鍵的問題是通貨膨脹。下個單元將繼續探討美元與通貨膨脹的關係。

美元與通貨膨脹

　　通貨膨脹必須跟利率一起思考。通膨率的增減會讓利率有同方向的變動。通膨率很高的時候，美國聯準會利用調升基準利率來打擊通膨；通膨率太低的時候，聯準會會用調降基準利率來刺激通膨。經濟主體與市場參與者對通貨膨脹的預期，甚至會影響中長期利率。

　　下面將利用這個概念，探討 2023 年很有代表性的案例。2023 年 9 月 15 日，美國汽車工人聯合會（UAW，United Auto Workers）宣布

開始罷工，這是汽車工人聯合會成立八十八年以來，首次對通用汽車（GM，General Motor）、福特汽車與斯泰蘭蒂斯（Stellantis）三家業者同時發起罷工。當時三家業者提出的調薪幅度大約20％，但汽車工人聯合會要求加薪40％。汽車工人聯合會要求的加薪幅度看似偏高，但根據蓋洛普（Gallup）進行民意調查的結果，美國人有75％支持勞方的加薪訴求。

聽到汽車業罷工，大家可能覺得在韓國跟美國都很常見。不過以2023年美國汽車工人聯合會發動的罷工規模來看，這次事件不該被草草帶過。簡單來說，長期罷工一定會影響美國的經濟成長率，汽車供給量減少也會刺激通膨。如果罷工能在短期內結束，對美國經濟是否能像什麼事都沒發生一樣，重新步上軌道？美國的罷工對全球經濟難道沒有任何啟示？

去全球化的意義

我們處在什麼樣的時代？在經歷過全球金融海嘯之後，全世界出現了一股反對全球化的潮流。中國領導人習近平在2012年掌權之後，有如登上皇位，中美關係的裂痕愈來愈大。2020年新型冠狀病毒大流行，凸顯全球供應鏈脆弱的一面，各國逐漸把節省成本、提升經濟效率擱在一邊，開始尋找有相同價值觀且可信賴的國家來重組供應鏈（雖然主導者是美國）。

八十八年來美國三家汽車業者的工人首次同時罷工，這個問題必須要從全球化的弊病的角度來看。全球化的發展削弱了企業的價格競

爭力與勞方的協商能力[30]。在全球化的過程中，企業前往薪資水準低的國家設廠，並且將一部分的供應鏈委外生產。由於許多業者爭先恐後地加入全球化的行列，導致價格競爭愈來愈激烈，企業的價格競爭力逐漸衰退。換句話說，全球化讓物價上漲的壓力消失。

除此之外，許多製造業工廠的勞動職缺，被薪資水準較低的新興國家搶走，就業機會不斷減少，讓勞工無法要求加薪，工會的談判能力變弱。換句話說，全球化也讓工資上漲的壓力消失。前美國總統川普之所以高喊要找回被中國搶走的工作機會，就是意識到這一點。

去全球化（deglobalization）就是全球化的相反過程。如果企業犧牲經濟效率、放棄節省成本、移轉供應鏈，物價就會有上漲的壓力；向來展現高性價比的中國產品，也不會再那麼容易唾手可得。過去五年內，中國占美國的進口比率大約減少五個百分點；美國來自中國的進口物價指數，在過去二十年幾乎沒變，但是來自歐洲、墨西哥、加拿大等主要進口國的物價指數卻大幅上升。

此外，美國利用貿易保護政策大舉推動國內製造業復興，期望復原被新興國家搶走的就業機會，這會讓勞方面對資方、雇主的協商能力增強，罷工有機會爭取更高幅度的加薪，也讓通貨膨脹一起回到原位。

30　作者註：Jean-Marc Natal and Nicolas Stoffels，《Globalization, Market Power, and the Natural Interest Rate》，2019.5.

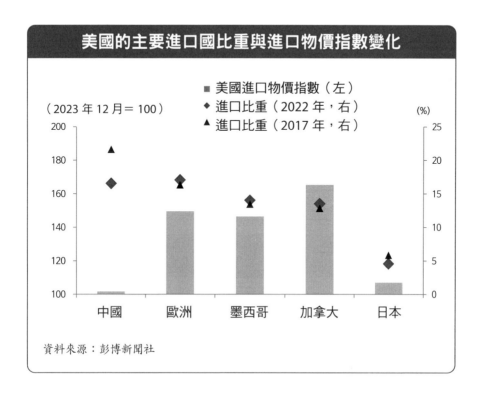

美國的主要進口國比重與進口物價指數變化

■ 美國進口物價指數（左）
◆ 進口比重（2022 年，右）
▲ 進口比重（2017 年，右）

（2023 年 12 月＝ 100）

資料來源：彭博新聞社

　　簡單來說，**全球化曾經使通貨膨脹減少，如今成為歷史的遺物；去全球化喚回了通貨膨脹。這是一種結構性、長期性的變化。**2023 年美國汽車業的大罷工就非常具有代表性。

　　為了穩定通貨膨脹，美國聯準會不惜將基準利率調升到接近 5％。去全球化造成的結構性、長期性變化，就是聯準會必須長期維持高利率，將來就算進入降息的循環，利率下降幅度也不會太多。在 2022 年至 2023 年，我們已經親眼看到美國採取攻擊性的貨幣政策對抗通貨膨脹，並且使美元變強勢。

全球金融海嘯前後，美國勞工的薪資變化

(%, YoY)

— 未轉職者的薪資
— 轉職者的薪資

全球化的轉捩點

資料來源：彭博新聞社

美國的貨幣政策與美元

聯邦準備制度（The Federal Reserve System）在美國扮演中央銀行的角色，常簡稱為聯準會（Fed），組織型態特殊，與其他國家的中央銀行不同。聯準會的三個主要實體（entities）分別是位在華盛

頓的理事會、位在十二個地區的區域聯邦準備銀行，以及貨幣政策的協調組織——**聯邦公開市場委員會（FOMC，Federal Open Market Committee）**。由於本單元主要討論貨幣政策，下面以介紹 FOMC 為主。

　　FOMC 會議一年召開八次，在理事會的所在地華盛頓舉行，包括主席在內，參與貨幣政策投票的成員共有十二人，其中七人是理事會成員（包含主席，有時會缺一至二人），其餘五人是紐約聯邦準備銀行總裁與四位區域聯邦準備銀行總裁。紐約聯邦準備銀行總裁在 FOMC 會議擔任副主席，是當然成員，有永久投票權，地位上與其他地區聯邦準備銀行總裁不同。除了紐約聯邦準備銀行總裁之外，其餘四席投票權是由紐約以外的十一個地區聯邦準備銀行總裁輪流，就算該年度沒有舉行投票，輪值的地區聯邦銀行總裁也要參加會議，對經濟或金融環境進行評估，參與貨幣政策的討論。擁有輪流投票權的十一個地區聯邦準備銀行總裁分為四組，詳細內容見下頁表。

　　聯準會的委員也像其他國家的中央銀行一樣，開會時不見得都是想法一致，也會有意見紛歧。所以在決定貨幣政策的時候，偶爾會有少數持反對意見，不是全員同意。由於聯準會的貨幣政策掌握著美元的命脈，足以影響全世界的金融市場，所以各界非常關注聯準會的動向。聯準會的委員人數多達十九位（無缺額時），這些委員只要在公開場合發言，媒體就會大肆報導，讓外界去判斷哪一位委員的發言比較有分量。

FOMC 委員組成

	2024 年	2025 年	2026 年	2027 年	備註
當然成員	主席				理事會成員
	副主席				
	金融監管副主席				
	理事四人				
輪流擔任	FOMC 副主席（紐約聯邦準備銀行總裁）				紐約總裁除外，其他十一個地區總裁分成四組，每組每年由一人依序輪流擔任。
	里奇蒙	波士頓	費城	里奇蒙	**第一組：**波士頓、費城、里奇蒙
	克里夫蘭	芝加哥	克里夫蘭	芝加哥	**第二組：**克里夫蘭、芝加哥
	亞特蘭大	聖路易	達拉斯	亞特蘭大	**第三組：**亞特蘭大、聖路易、達拉斯
	舊金山	堪薩斯城	明尼亞波利斯	舊金山	**第四組：**明尼亞波利斯、舊金山、堪薩斯城

資料來源：美國聯準會

　　意見領袖（opinion leader）的發言通常會讓市場有相對較大的反應，也有某些委員的發言對市場幾乎毫無影響。在所有委員之中，主席的發言最為重要，但**主席通常是彙整十九名委員的意見，採取中庸的立場**，扮演取得共識（consensus）的角色，有時候也會主導大家形成共識。

　　理事會的理事比地區聯邦準備銀行總裁的發言有重量。在十二個地區聯邦準備銀行之中，因為紐約聯邦準備銀行總裁擔任 FOMC 副主席，被視為 FOMC 的第二把交椅、聯準會的領導階層，立場非常重要。不過，紐約聯邦準備銀行總裁的立場，通常不會跟聯準會主席的公開發言有太大差異。試想，一個組織裡的第二把交椅發言與老大的態度不同，肯定會讓外界覺得內部意見紛歧，所以兩人的口徑自然會一致。只要這兩位人物發表重要言論，美元、股價、利率都會立即有所反應。

　　另一方面，聯準會很重視與市場溝通，會積極對市場傳遞內部的共識與意見，在這個過程中，輿論也扮演一部分角色。特別是在召開 FOMC 會議之前，通常會有十多天的時間，讓聯準會委員及工作小組公開發言、接受媒體採訪，這段期間稱為緘默期（blackout period）。FOMC 的會議通常在星期二與星期三舉行，為期兩天，緘默期則是從會議前兩週的第一個星期六開始，直到 FOMC 會後的星期四結束。如果在這段期間有公布新的經濟指標或突發事件，有可能改變聯準會委員的決策，聯準會雖然不會直接發表消息，卻會透過代表華爾街言論的《華爾街日報》（*WSJ*，*Wall Street Journal*）經濟新聞

記者傳遞內部消息。所以《華爾街日報》的經濟特派員也被稱為聯準會傳聲筒。

專門負責聯準會新聞的記者被稱為「聯準會觀察家」（Fed Watcher），與聯準會的關係深厚，報導內容可信度高。所以如果在緘默期有聯準會記者的獨家報導，市場會認為這就是聯準會的意見，也因為聯準會記者的報導可信度高，有時候光是因為報導內容，美元、利率、股價等市場價格就會發生明顯變動。

以 2022 年 6 月 14 日至 15 日的 FOMC 會議為例，當年美國 5 月的消費者物價指數（CPI，Consumer Price Index）在 6 月 10 日公布，結果不但超乎市場預期，甚至比 2021 年同期上升 8.6%，讓市場非常錯愕；這件事情正好發生在緘默期內。在這之前，外界幾乎都不認為聯準會一次就會宣布升息 3 碼（0.75 個百分點）。因為聯準會已經在 5 月初的 FOMC 會議決定升息 2 碼，大家普遍預期 6 月大概也是升息 2 碼。但是在消費者物價指數公布的隔天，6 月 11 日《華爾街日報》記者尼克・提米羅斯（Nick Timiraos）立刻以「美國聯準會本週考慮升息 3 碼」為題，撰寫了一篇報導，升息 3 碼瞬間就成為市場接受的既定假設。聯準會最後也真如記者撰寫的內容，宣布升息 3 碼。

理論上，當美國實施緊縮性貨幣政策，也就是宣布調升基準利率時，美元會升值；實施擴張性貨幣政策，也就是宣布調降基準利率時，美元會貶值。不過實際上，市場的反應有可能會不一樣。因為聯準會重視與金融市場溝通，如果在事先放出訊號的過程，市場就已經對該項政策提前做好因應，等 FOMC 正式開會決定後，市場有可能

出現完全相反的反應（這就是第一篇「經濟政策與匯率」單元提過的「買在謠言起，賣在事實出」）。

美國的財政赤字與美元

　　一國政府的運作如果經費入不敷出，是好還是壞？政府支出的經費很多，對有受惠的當事人而言，當然是件好事。政府為了刺激經濟成長而增加支出，社會福利面的支出也跟著增加，這樣真的有益無害嗎？

　　國家發展不是件容易的事。如果政府的支出高於收入，政府就會面對財政赤字，財政赤字會導致利率上升。

　　所謂的財政均衡，是政府的收入等於支出，這時候不會有財政問題。萬一支出高於收入，政府就必須設法拿錢來填補，最簡單的方法是發行國債。比方說，美國的財政赤字在新冠肺炎疫情初期，因為龐大的支出需求而激增，之後雖然一度有減少的跡象，現在又逐漸增加。

　　經濟學裡有排擠效果（crowding-out effect）一詞。當國債的發行增加，債券市場上的國債供給增加，國債利率就會上升。利率上升會使企業的投資減少，也會影響消費者心理。當政府的支出增加對提振內需造成反效果，就是所謂的排擠效果。

　　新冠肺炎疫情之後，美國聯邦政府的財政赤字擴大，也是影響通貨膨脹及利率上升的原因。

　　美國的財政赤字引發美國的利率上升，使市場上對美國資產的需求增加，美元變強勢。但是若從理論面來看，財政政策與匯率沒有直接關係，平時的關聯性不高。利率上升造成的美元走強，短期就會立刻在資本市場上展現；財政政策的效果是經由總需求、民間消費等其他路徑，間接傳達到匯率。財政赤字情況下，貨幣價值可能走弱，也可能更強勢，取決於複雜的市場狀況。

　　此外，不是只有這幾項變數會影響美元價值，其他變數也會同時產生影響，所以很難光從匯率的變化，區分出哪些是財政赤字帶來的效果。

　　2021 年以後，在美國利率上升的過程中有許多變數產生影響，例如：去全球化、實現碳中和目標、增加社會福利支出、貨幣政策與財政赤字等，其中，去全球化、實現碳中和目標、增加社會福利支出對通貨膨脹造成結構性的影響。不同時候影響市場的變數都不同，加上美元本身屬於避險資產，美元的價值也會因為市場上的不安氣氛而升值。

　　下頁圖是美國的財政赤字與國債發行金額比較，2023 年除了財政赤字擴大，國債發行量也增加，造成美國國債利率大幅上升，美元也承受升值壓力。

美元與 KOSPI 指數

　　美元幾乎代表全球的資本動向，美元的價格變化可能影響韓國股

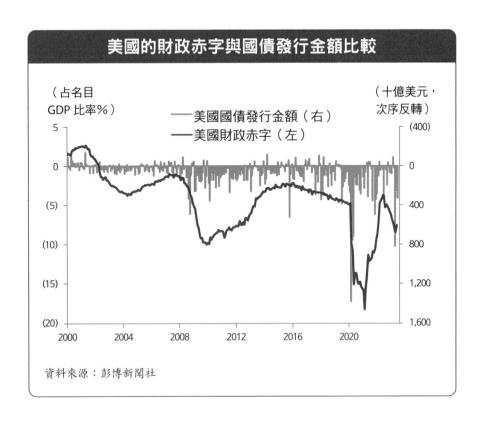

美國的財政赤字與國債發行金額比較

（占名目
GDP 比率％）

（十億美元，
次序反轉）

—— 美國國債發行金額（右）
—— 美國財政赤字（左）

資料來源：彭博新聞社

市，但是韓國股票專屬的韓國股市卻無法影響美元。韓國股市雖然無法影響美元，卻會影響韓元價值，進而影響美元兌韓元匯率。

　　以二十世紀末發生的亞洲金融危機為例，韓國政府宣布破產，接受了國際貨幣基金（IMF）的金融援助，撼動整個 KOSPI 股市[31]，韓元也大幅震盪。因為韓元出現劇烈貶值，美元價值相對飆升，韓國

31　詳見註 27。

的外匯存底、美元儲備幾乎見底。韓國股市的變動雖然不會直接影響美元，但是看在韓國人的眼裡，有可能認為美元升值是因為韓元貶值所造成。KOSPI 上市公司的股價暴跌，韓元出現斷崖式的貶值，當時的美元兌韓元匯率曾經逼近 2,000 韓元。

通常像 KOSPI 這種非國際主要的股票市場，不太會影響到美元，反倒是美元價格波動會影響 KOSPI 股市。金融市場的反應非常即時，只要一有風吹草動，所有市場幾乎都會同時反應。有時候，就算金融市場上的投資人沒有任何資訊，只要看到美元價格突然大漲，自然就會覺得「應該有問題」，趕緊脫手持有的風險資產。就像前面說過，很多時候是某種經濟現象同時對美元與風險資產造成影響，卻因為美元的地位特殊，讓投資人突然買進或賣出風險資產的行為，看起來像是由美元的價格波動所引起。

由於這個緣故，當美元升值、美元兌韓元匯率上升時，KOSPI 股價指數通常都會下跌；當美元貶值、美元兌韓元匯率下降時，KOSPI 股價指數通常就會上升。

但是如果仔細思考美元價格與韓國股價的性質，兩者是否能直接比較，其實是有待商榷。簡單來說，直接拿美元兌韓元匯率跟 KOSPI 股價指數做比較，這件事情並不恰當。第一、美元兌韓元匯率是相對價格，KOSPI 股價指數是絕對價格，兩者不該直接比較。第二、韓元的價值高低，主要是透過美元兌韓元的匯率間接獲得，雖然直接與 KOSPI 股價比較的情況很常見，這麼做還是有問題。

若考慮美元兌韓元匯率是相對價格的變數，應該先把代表韓國

資料來源：彭博新聞社、自行整理

股價的 KOSPI 指數跟全球股價指數做比較，轉換成相對價格之後，才能當作美元兌韓元匯率的比較對象。只要能取得資料，做這種轉換不會很難，上圖就可以看出兩者之間的比較關係。左圖是直接拿 KOSPI 指數跟美元兌韓元匯率比較，右圖則是「相對於全球股市」的 KOSPI 指數跟美元兌韓元匯率比較。

　　上兩圖中，能清楚看出右圖的關聯性高於左圖，只有在 2022 年下半年度，美元突然變得非常強勢，從這個時間點開始，折線的走勢比較沒有說服力。

全球股票市場與美元

　　從歷史走勢來看，全球股票市場的股價走勢與美元價格呈現反方向變化。當美元價格上漲的時候，全球股市大都下跌；當美元價格下跌的時候，全球股市大都上漲。因此在美元價格上漲期間，投資股票比較難有成就感；在美元價格下跌期間，投資股票比較容易覺得有樂

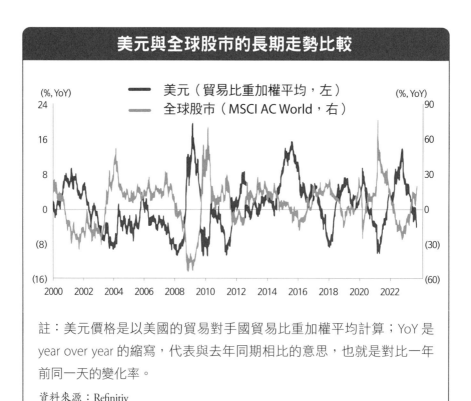

美元與全球股市的長期走勢比較

註：美元價格是以美國的貿易對手國貿易比重加權平均計算；YoY 是 year over year 的縮寫，代表與去年同期相比的意思，也就是對比一年前同一天的變化率。

資料來源：Refinitiv

趣。但是各國的經濟環境不盡相同，所以各國的股票市場會有溫差，個股之間的差異也很大。大致上，美元價格（避險資產）與股價（風險資產）會呈現反方向變動。

當美元價格上漲時，KOSPI 股價經常下跌；當美元價格下跌時，KOSPI 股價經常上漲，兩者經常維持這種關係。

美國股票市場與美元

全球股票市場與美元價格成反向變動，這個現象在美國股市也不例外。因為美國股市也屬於風險資產，所以會跟美元價格維持反向變動。不過美國股市還有其他特徵。

因為美元是以相對價格來報價，美國股市也能利用全球股市換算為相對價格。**若以美國股市相對於全球股市的價格跟美元做比較，美國股市反而出現跟美元同方向的價格走勢**。這代表什麼意義呢？

基本上，當美元價格上漲時，美國股市也和全球股市一樣，通常都會下跌，但情況比其他國家來得好，代表美國股市的跌幅相對較小。當美元價格下跌時，美國股市雖然也和全球股市一樣，通常都會上漲，但上漲的程度不如其他國家，代表美國股市的漲幅相對較小。

下頁圖中，在美元走強的時候，大家有什麼想法？當美元強勢的時候，美國股市看起來雖然像在上漲，但是大家必須注意，這裡是相

美元與美國股市（相對於全球股市）的長期走勢比較

%, YoY ── 美元（貿易比重加權平均，左）　　　%, YoY
　　　　 ── 美國股市相對表現（相對於全球股市，右）

註：美元價格是以美國的貿易對手國貿易比重加權平均計算；YoY 是 year over year 的縮寫，代表與去年同期相比的意思，也就是對比一年前同一天的變化率。

資料來源：Refinitiv

對價格。在全球股價下跌的時候，美國股市只是跌幅相對較小，不代表美國的股價正在上漲。

　　同樣的道理，上圖中，美元走弱的時候，美國股市看起來雖然像在下跌，若考慮到相對價格的概念，全球股價上升時，美國股市的漲幅是相對小的。因此，這時候更適合投資其他國家的股市，而非美國股市。

　　儘管走勢圖呈現的關聯性幾乎都是成立的，依然不代表可以用走勢圖來預測未來。走勢圖只是展現美元與股價的關聯性，並非提供美元的未來走向，而且關聯性也不會永遠都成立。

　　還有一點必須注意，選在股價下跌的時候進場並非好事。股價下跌有可能非常劇烈，跌的時間相對較短，上漲卻非常緩慢，回到原價格所需的時間遠比下跌的時候還長。故意選在股價下跌的時候進場，失敗的機率大概會加倍。機會應該在股價上漲的時候尋找，不是盲目地把希望寄託在下跌的時候。

聯準會重大宣布，FOMC 前後的變化

　　當股價或匯率走勢都出現讓人毫無頭緒的上升，我們常會覺得「應該有什麼事情（是我不知道的）」。是否真是如此？或許原因很簡單。下面以 2023 年 3 月 FOMC 會後的變動作為例子說明。

　　當時美國聯準會的貨幣政策會議（FOMC）在韓國時間 2023 年 3 月 23 日凌晨宣布結果，儘管美國的地區銀行遭遇危機，聯準會依然宣布升息 1 碼，讓美國的基準利率上升到 4.75 至 5.00％，高於當時韓國的基準利率（3.5％）。

　　因為利率就是錢的價格，當美國利率不斷上升，跟韓國利率的差距擴大，理論上美元兌韓元的交換比率（美元兌韓元匯率）也應該要上升。但是不知為何，FOMC 宣布升息之後，3 月 23 日首爾外匯市場的匯率出現極端的反向變化。3 月 22 日美元兌韓元匯率收盤價是

1,307.7 韓元，3 月 23 日卻以 1,278.3 韓元收盤，下跌將近 30 韓元，
貶值幅度 2.25％。匯率在一天內貶值超過 2％的情況非常罕見，不但
是 2023 年以來首次發生，也是新冠肺炎爆發初期 2020 年 3 月 20 日
（-3.05％）與 2022 年 11 月 11 日（-4.29％）之後，美元兌韓元匯率
最大的貶值幅度。這個現象該如何解釋？

　　匯率如果有非常劇烈的變化，不只是媒體，許多人都會自行詮
釋，試圖尋找原因。但是如果對 FOMC 公布會議結果當日的匯率變
化過度解釋，經常只會得到反效果。

忙著看風向的市場參與者

　　「帶風向的人只有 5％，其他 95％的人都是在跟風」，正是從社
會心理學看金融市場的最佳寫照，尤其是在 FOMC 宣布結果當天。
FOMC 宣布結果當日，如果有人帶風向，幾乎所有的投資人都會跟
著走，有時候明明只應該引起 3 韓元波動的消息，最後卻造成了 30
韓元的漲跌。帶風向的勢力是短線交易者，通常會像在下賭注一樣，
利用美元貶值（或升值）的時候進場，並且在當天就獲利了結，因此
只要經過一天，市場的氣氛就完全改變。匯率之所以經常在 FOMC
宣布結果當天與隔天出現完全反方向的變動，就是因為這個原因。

　　延續前面的例子，果不其然，2023 年 3 月 24 日匯率再次上升高
於 1％，來到 1,290 韓元。換句話說，市場在確定 FOMC 會議結果當
日，匯率出現了沒有意義的過度反應，也算是一種匯率變化的特徵。
下面繼續探討箇中原因。

存在金融市場的「社會證據」

　　外匯市場上有各種參與者，各自心懷鬼胎，用自己的方式買賣。這些參與者平常就各有各的盤算，但是面對 FOMC 即將公布決策或發生其他重大事件時，作法就會非常一致，在看到 FOMC 的決策之後不約而同地賭一把。原本動作不一致的市場參與者，突然採取相同行動，這就容易讓匯率有大幅度的上升或下降。

　　如同原本各自在不同起點、不同時間、用自己的節奏、朝不同方向奔跑的選手，某一天突然全部站在同一條起跑線、在同一時間、朝相同方向衝刺 100 公尺。這就是 FOMC 會議宣布結果當日，匯率會出現大幅變化的第一個原因。

　　另一方面，全世界跟金融市場一樣，處處充滿不確定性，短線交易者會非常注意其他市場參與者的行動。其他交易者的交易型態在社會心理學裡稱為「社會證據」（參見第 2 堂課）。短線操作的時間愈短，風險就愈高。就算美國股市一整年的股價走勢都是上漲，如果單獨看每一天的走勢，就會發現當日股價上漲或下跌的機率大約是各50％。外匯市場上的交易者觀察到實際市場動向之後，如果察覺其他短線交易者準備開始行動，一天之內也可能隨時買進、賣出。投資人愈是短線操作，愈會觀察別人的動靜。在不確定匯率會朝哪個方向變動時，只要有人出來帶風向，所有人就會朝著那個方向下賭注，導致變動幅度增加。這就是 FOMC 會議公布結果當日，匯率會出現大幅變化的第二個原因。

　　其實在金融市場達成的均衡價格，也是一個強而有力的社會證

據。我們往往認為市場上目前的股價、利率、匯率，就是當下的最佳價格，其實這只是從社會面達成協議的價格，不一定是最佳價格。換句話說，就算是因為市場過度恐慌或貪婪形成的市場均衡價格，在那一瞬間，我們還是會理所當然地接受這個價格。世界跟金融市場一樣，到處充斥著不確定性，身處於這個世界，大家不由自主地相信群眾的集體智慧（collective intelligence）；市場價格就是群眾的集體智慧。但是在充滿不確定的世界裡，群眾的集體智慧經常不是那麼值得信賴。

既然我們已經知道 FOMC 會議公布結果當日的匯率變化原因，為何隔天又經常出現反方向的變動？這是因為前一天的匯率波動幅度太大，第二天市場看美元的角度就會改變。延續同一個例子，2023 年 3 月 23 日美元匯率下跌 30 韓元，貶值幅度高達 2.25％，看在短線交易者的眼裡，美元一夜之間突然成為非常有吸引力的目標，短線交易者就會下注賭隔天會價格上漲，於是造成匯率上升。

同樣的，假如 FOMC 公布會議結果當日，匯率是大幅上升，隔天就會成為短線操作者大舉賣出的目標。外匯市場的短線操作是在美元上漲時賣出、美元下跌時買入，造成匯率的上升與下降，於是導致匯率在這兩天發生無意義的價格波動。所以我會刻意忽略 FOMC 公布會議結果當日的匯率變動，因為這時的匯率波動幅度過大，有時候不代表任何意義。但是要故意忽略 FOMC 公布會議結果當日的匯率變動有個前提，必須是沒有出現新的有意義變數，例如：聯準會主席發表出乎意料的言論。

與美元相對的變動

在第 2 堂課「匯率變動的原理」提過，外匯市場可分為美元與其他貨幣兩大類，所以全球經濟也能從美國與其他世界各國的二分角度來看。

外匯市場的買賣必須有兩種貨幣，在買入一種貨幣的時候，同時賣出另一種貨幣。但是在美元／日圓貨幣對（currency pair）裡的美元，跟美元／韓元貨幣對裡的美元是相同貨幣，因此當美元／日圓貨幣對的交易出現大量日圓賣壓，美元的買壓就會增強，進而影響到美元兌韓元匯率等其他的貨幣對。相反的，如果買壓集中在日圓，美元的賣壓就會增強。

這是在說，當美元在美元兌日圓匯率表現強勢，美元在美元兌韓元匯率也很可能會上升。這個關係逆向回推也會成立嗎？如果美元在美元兌韓元匯率表現強勢，美元在美元兌日圓匯率是否也會上升？答案是不一定。因為在外匯市場上，韓元的交易量遠遠不及日圓。根據國際清算銀行（BIS，Bank for International Settlements）最近的統計顯示，美元兌韓元匯率的交易量只有美元兌日圓匯率交易量的八分之一。

同樣的道理，如果全世界交易量最多的美元與歐元之間，有一邊比較強勢，也會影響到其他貨幣。在美元／歐元貨幣對中，若歐元強勢升值，作為基準貨幣（vehicle currency）的美元就會貶值，這時美元兌韓元匯率容易跟著下降；若歐元重貶，美元就會強升，美元兌

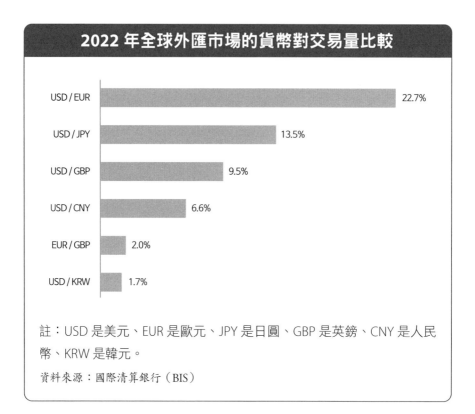

2022 年全球外匯市場的貨幣對交易量比較

USD / EUR	22.7%
USD / JPY	13.5%
USD / GBP	9.5%
USD / CNY	6.6%
EUR / GBP	2.0%
USD / KRW	1.7%

註：USD 是美元、EUR 是歐元、JPY 是日圓、GBP 是英鎊、CNY 是人民幣、KRW 是韓元。

資料來源：國際清算銀行（BIS）

韓元匯率容易跟著上升。但是就算在美元兌韓元匯率之中，韓元發生了比較強勢的變動，這個影響也不會傳遞到美元與歐元間的交易。因為美元兌韓元在外匯市場上的交易量太少，外匯市場的尾巴（即小部分）很難動搖整個身軀（即整體市場局勢）。

　　如果在美元兌歐元、美元兌日圓的交易都是美元強升或美元重貶，影響力就會加倍，而且美元兌韓元匯率出現與美元同方向改變的機率更高。當外匯市場交易熱絡的時候，這種現象會更明顯。

美元指數該如何解讀

談到美元價格的時候，除了美元兌韓元匯率，有時也會提到美元指數。由於指數（index）的意思，美元指數的涵蓋範圍聽起來比美元兌韓元匯率廣。有時候媒體提到美元兌韓元匯率跟美元指數出現同方向的變動，有時候卻是出現反方向變動，甚至還會提到美元指數上升（或下降）對美元兌韓元匯率造成影響。

美元指數到底重不重要？

美元指數給人一種加權平均價值的感覺，不過實際上只是六種幣別的加權平均。換句話說，一般看到的美元指數，只代表六個主要幣別與美元的相對價值。這六種幣別分別是：歐元（EUR）、日圓（JPY）、英鎊（GBP）、加拿大幣（CAD）、瑞典幣（SEK）與瑞士法郎（CHF）。韓元（KRW）並未包含在內。

美元指數的相對幣別以歐元占 57.6％ 最高。截至 2023 年，歐洲有二十個國家採用歐元作為本國貨幣，讓歐元有很高的國際貨幣地位。其次是日圓，比率接近 13％，第三則是英鎊。

英國對歐洲經濟的依賴度高，使英鎊的價格變化經常受歐元影響。從相對於美元的匯率來看，英鎊兌美元匯率與歐元兌美元匯率的走勢非常類似（見下頁圖）。

如果把美元指數裡的歐元及英鎊相加，比率大約 70％。換句話說，美元指數如果把跟隨歐元的幣別加在一起，實際上歐元的比率就

歐元與英鎊的長期走勢比較（相對於美元）

（美元）

—— 歐元（相對於美元，左）
—— 英鎊（相對於美元，右）

註：2015 年與 2016 年是因為歐洲中央銀行（ECB，European Central Bank）的貨幣政策，造成兩種貨幣的走勢出現差異；2016 年另有英國脫歐（Brexit，英國退出歐盟）的公民投票，也造成兩種貨幣的走勢不同。

資料來源：Refinitiv

有 70％。除了日圓，其餘三種幣別的比率很低，因此美元指數跟美元兌歐元的價值幾乎沒太大差異。歐元兌美元匯率與美元兌韓元匯率的報價方式相反，是 1 歐元兌換多少美元，如果把歐元兌美元匯率顛倒過來看，就會跟美元指數呈現相同走勢（如下頁圖）。

　　此外，大家如果認為美元指數可以解釋外匯市場上的大範圍美元

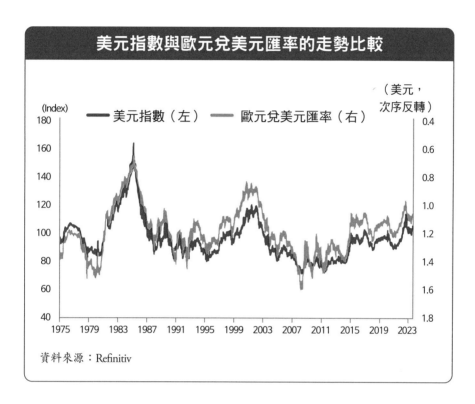

美元指數與歐元兌美元匯率的走勢比較

（美元，次序反轉）

美元指數（左）　歐元兌美元匯率（右）

資料來源：Refinitiv

動向，這個想法就太過跳躍了。歐元兌美元匯率雖然在外匯市場的交易量最大，某種程度代表著美元的加權平均，實際上還是不夠。這樣的思考沒顧慮到人民幣、韓元、墨西哥披索（MXN）等貨幣，這些也都是美國的主要貿易對手國貨幣。

不過，美元指數對美元兌韓元匯率的影響還是不容忽視。因為美元指數反映了外匯市場上交易量最多的貨幣動向，足以對韓元等其他貨幣帶來實質影響。在前面的單元裡，有一張國際清算銀行最新的統計圖（2022 年），上面顯示的美元與歐元交易量幾乎是美元與韓元

交易量的十三倍；美元與英鎊的交易量將近是美元與韓元的六倍。換句話說，歐元、英鎊與美元的交易量相加之後，幾乎是美元與韓元交易量的十九倍。因此，若美元與歐元的交易出現較強的方向性，這樣的方向性，很可能會同樣發生在美元兌韓元匯率。

人民幣是否會影響韓元

在談到美元兌韓元匯率時，經常會利用美元兌人民幣的匯率走勢進行說明，例如：人民幣價格上漲（下跌）的時候，韓元價格也都是跟著上漲（下跌）。之所以會有人用美元兌人民幣匯率來解釋美元兌韓元的價格走勢，原因在於中國是亞洲最大的經濟體，也是全球第二大經濟大國，截至 2023 年中國是韓國最大的出口國，美元兌人民幣的交易量幾乎是美元兌韓元的四倍。但是用人民幣來解釋韓元走勢對嗎？

有一半對，但是也有一半不對。如果縮小首爾外匯市場的場中走勢範圍，用人民幣走勢解釋韓元走勢大致上沒問題。因為美元兌人民幣的交易量大，如果這組貨幣對出現強勢變化，通常在美元兌韓元也會出現同方向的改變。但是如果把時間放寬，美元兌人民幣匯率和美元兌韓元匯率的關聯性會降低，甚至會出現人民幣走勢對韓元走勢幾乎無關。

人民幣與韓元的走勢，為何在長、短期有不同的關係？因為愈是長期，受經濟基礎的影響愈大；愈是短期，受心理因素影響的程度愈

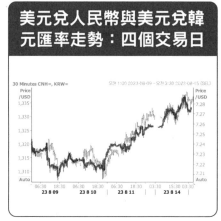 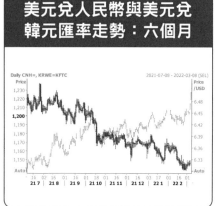

資料來源：Refinitiv

綠線是美元兌人民幣匯率，灰線是美元兌韓元匯率（左圖包含離岸匯率走勢）。

左圖的時間軸為 2023 年 8 月 9 日至 14 日共四個交易日；23 8 09 表示 2023 年 8 月 9 日。

右圖的時間軸為 2021 年 7 月 8 日起共六個月；21 7 表示 2021 年 7 月。

大。就算是整天待在交易室與外匯市場搏鬥的交易員，時時刻刻面對不停改變的匯率走向，也經常沒有頭緒。因為就算沒有發生特定事件或消息，匯率也會出現較大的起伏，這種時候很難去了解背景。在不確定性高的時候，只要類似的人一多，「社會證據」就會成立，對交易美元兌韓元的市場參與者而言，美元兌人民幣的匯率走勢就會成為強烈的社會證據。

　　不過在中國堅持對新冠肺炎疫情採取封閉的清零政策之後，人民

幣與韓元的關聯性似乎有些降低，未來還有可能更低。因為韓國與中國的經濟關係已不如以往密切。

　　1992 年韓國與中國建交，韓國企業看好中國的發展機會無窮，一窩蜂地擁進中國。然而中美關係惡化，全球化正在退步，中國的技術水準快速提升，讓一切情況改觀。特別是在習近平時代，中國的民族主義色彩強烈，現在提到中國不再是聯想到機會，而是危機與風險。

　　這個結果令韓國企業不再爭先恐後到中國投資，開始尋找替代方案。2023 年上半年度，韓國企業在日本、越南成立海外分公司的件數多於在中國，是 1989 年以來首見。不僅如此，韓國企業對中國的出口規模也逐漸減少。這部分除了因為景氣造成的市場需求減少之外，中國業者的技術提升，原本必須依賴韓國進口的中間材已經能自己生產，對韓國製品的需求減少。還有另一項阻力來自於美國。美國禁止採用美國核心技術的先進半導體出口到中國，雖然美國有給予寬限期，讓韓國企業作為緩衝，但韓國企業還是必須要有替代方案，自然不想在中國擴張事業。

　　韓國如果繼續減少對中國經濟的依賴，人民幣對韓元的影響力就可能降低。但我個人認為，美元兌韓元匯率的場中變動，也就是期間愈短，對人民幣愈敏感的現象不會有太大改變。因為交易量的差異還是會產生一定的影響力。

數據優於直覺：以均衡匯率預測市場

　　市場有時候會偏離均衡水準，有可能是高估，也有可能是低估，但是這些都要已經發生過了才會發現，當下不管怎麼看，都會覺得處在均衡水準。身在當下，你只能靠直覺，萬一看見了很強烈的方向性，很容易就會認定這個走勢還會持續。舉例來說，2022 年 9 月美元兌韓元匯率一口氣上升到 1,440 韓元，因為 1,440 韓元已經離 1,500 韓元不遠，「到底會上升到哪裡？」成為整個市場的熱門話題。當時幾乎沒人認為是美元被高估，也沒人認為局勢還有轉圜餘地。預測未來很難，說是神的領域也不為過，但是如果能判斷現在的價格到底偏離均衡水準多遠、朝哪個方向偏離，對於預測較近期的未來還是有很大的幫助。

　　所以我自己有一套看待均衡匯率與市場的方式。個別市場有一個特性，如果價格偏離均衡或遠離均衡，可以自己重回均衡，有如一種慣性；總體市場的均衡必須由所有個別市場來達成。個別市場就算在某個時間點價格偏離均衡，長期還是能與總體市場維持均衡的關係。因此，利用總體市場均衡價格估算個別市場的均衡匯率，就可以預測近期的匯率。

　　具體來說，個別市場的價格（美元兌韓元匯率）會因為市場失衡而偏離均衡。從過去的歷史資料來看，密切影響美元兌韓元匯率走勢的變數很多，美國利率、美國股市、韓國股市、原油價格、半導體市場景氣、中國房地產市場景氣等，每個變數無時無刻不在影響美元兌

韓元匯率。如果把美元兌韓元匯率跟特定變數做一對一的比較，有時候能看出關聯性，但是有更多時候看不出任何關係。拿韓美利差跟美元兌韓元匯率做比較好像有哪裡不對，拿半導體景氣或原油價格跟美元兌韓元匯率比較，好像也沒辦法解釋匯率的走勢。這是因為每個時間點，影響匯率變動的變數都不同。

難道不能同時拿多個變數一起比較？

當然可以，可以做五對一或十對一的比較，例如：用前面提到的多個變數跟美元兌韓元匯率的長期歷史走勢，推測現在美元兌韓元匯率的均衡水準。我用這個方式比較美元兌韓元匯率、美元兌日圓匯率、歐元兌美元匯率、美元兌人民幣匯率、美元對越南盾匯率等，每一種貨幣都展現出其固有的特性。由於我對每一種貨幣都用了將近十個變數做比較，結果就能視為代表大範圍的總體市場。

比較實際市場匯率與上述作法計算出的美元兌韓元均衡匯率，得到下列結果。2022 年 9 月至 10 月市場匯率大約是 1,440 韓元，2023 年 2 月初大約是 1,210 韓元，兩段時間的匯率走勢的變動幅度過大，皆偏離均衡水準。就算匯率在個別市場偏離均衡，在反映美國國債市場、美國股市、韓國股市、原油等原物料市場、中國房地產市場、半導體市場的總體市場中，依然可看成是維持均衡。

此外，我預估的均衡匯率是短期最可能發生的匯率，最長不超過三個月。利用這種方式預估的均衡匯率非常重視及時性，幾個月前的均衡匯率，沒有參考價值。必須知道目前的均衡匯率，才能算是有及

美元兌韓元匯率、實際市場匯率與作者推算的均衡匯率

（韓元）

美元兌韓元（市場匯率）
均衡匯率預估值＊

＊均衡匯率預測邏輯已於正文説明。

資料來源：彭博新聞社、自行整理

時性，因此，我採用的變數是利率、股價等每天都會更新的市場價格和變數，以美元兌韓元匯率為例，2023 年 12 月我用了九個變數。

　　事實上，國際金融領域目前沒有一套固定的模型，可以專門用來衡量均衡匯率，預測方式因人而異。由於我在工作上接觸的匯率問題多半是短期需求，所以我偏好以這種基於我的經驗的方式進行預測。

中央銀行何時需要貨幣交換（韓美換匯協定）

當美元兌韓元匯率大幅上升時，評論家提起危機論，媒體也會對此大肆報導，呼籲韓美兩國的中央銀行應盡速簽署換匯協定（swap arrangement），才能突破危機。

但是韓國與美國進行中央銀行的貨幣交換（currency swap）有兩個問題。第一、實際權力幾乎完全都在美國手上；第二、貨幣交換並非任何時候都有效果。

首先，韓元不是國際貨幣，美國的中央銀行取得韓元也用途不大。如果韓國與美國的中央銀行簽署換匯協定，這完全是因應韓國的需求。此外，貨幣交換只有在美元流動性緊縮時才有效，如果只是因為美元兌韓元匯率突然大幅上升，但是美元的流動性很高，這個交易就無法發揮作用。美元既是國際準備貨幣，也是美國掌握金融霸權的根源，聯準會必定源源不絕地對全世界供應美元，維持一定的流動性。如果某一天，美元發生流動性緊縮，就算韓國不提出貨幣交換的要求，美國也會主動伸出雙手。

那麼，什麼情況下會出現美元流動性緊縮呢？例如，市場陷入恐慌和恐懼的情況下，外匯市場可能會有好幾分鐘完全沒有賣出單。以新冠肺炎大爆發初期為例，2020 年 3 月 19 日市場正處於極度恐慌，首爾外匯市場開盤後的第一分鐘，完全沒有任何美元賣出單；開盤後的一分鐘一點也不短暫。當天美元兌韓元匯率上升超過 3%，這種情況非常罕見。2008 年 9 月雷曼兄弟控股公司（Lehman Brothers

Holdings）宣布破產，為全球金融海嘯扣下扳機時，美元的流動性緊縮更嚴重。

　　韓國與美國曾簽署過兩次換匯協定，兩次都是立刻就發揮效果。第一次是在全球金融海嘯時，雙方於 2008 年 10 月 30 日凌晨 4 點 30 分（韓國時間）簽署換匯協定，幾小時後開盤的首爾外匯市場，美元兌韓元匯率立刻下降 12.4％（1,427 韓元→ 1,250 韓元）。第二次是在新冠肺炎疫情大爆發初期，雙方在 2020 年 3 月 19 日晚上 10 點（韓國時間）簽署換匯協定，隔天的首爾外匯市場美元兌韓元匯率下降 3.05％（1,285.7 韓元→ 1,246.5 韓元）。

　　如果匯率不斷上升到令人不安的水準，但是仍屬於有序穩定上升，美元的流動性通常沒問題。韓國與美國中央銀行之間的換匯協定不是用在這個時候。

投資海外股市是否應考慮匯率

　　投資海外股市，尤其是韓國投資人憧憬的美國股市，是否也要考慮美元匯率？是的，投資美國股市必須經過買美元的匯兌手續，匯率波動自然也會影響投資海外股市的績效。

　　匯率對損益的影響程度，會因為投資時間的長短有所不同。若是投資績優股，長期價格走勢應該會上揚，這時候的長期匯率變動幅度，對發展良好的企業股價而言，影響幾乎微不足道。而且如果是長期投資，交易次數通常不會很多，匯率對損益的影響就不會太大；如

果是短期投資，買賣的次數增多，匯率變化對整體損益的影響就會相對增加。因此投資人如果是長期投資海外股市，無須太過擔心匯率變化對損益的影響。

　　萬一想從事短期的海外股市投資，該如何因應匯率變化呢？我的回答跟對長期投資的建議相同。因為就算把投資時間縮短，股價的漲跌幅遠比匯率波動的幅度來得大。短期的投資中，機運的重要性高於實力，既然必須把成敗交給運氣決定，與其花心思去擔心匯率這個變數，倒不如把所有的注意力都放在股市。關於投資技巧與投資心理，請參見附錄「寫給投資人：投資成功是憑實力還是運氣？」。

第6堂課

從美元展望未來

投資人從事投資的目的，無非是為了獲利，但是如果從長遠的角度來看，投資的更大原因，應該是為了替未來做準備。下面將以替未來做準備的角度討論各種議題。

通貨膨脹發生結構性變化，美元又會如何？

物價從 2021 年開始上漲，美國聯準會卻認為只是暫時性現象，低估了物價上漲的嚴重性。因為太晚開始採取行動，後來只能緊急調升基準利率，直到 2023 年，通貨膨脹的壓力才開始有所紓解。

這麼說，現在是否逐漸恢復新冠肺炎爆發前的低物價、低利率環境呢？還是這個世界已經變了？

有一派人認為，因為大環境已經發生了結構性改變，未來十年內，很難再回到新冠肺炎疫情之前的低物價。這個觀點呼應了我先前提過，通貨膨脹與利率會朝相同方向變動，去全球化的過程刺激了通

貨膨脹。

　　但是，刺激結構性通貨膨脹的原因不只這些。地球溫度快速上升，全世界面臨著暖化問題，為了在 2050 年實現碳中和的目標，2030 年必須減少溫室氣體排放量 25％；然而，實現碳中和的過程會增加經濟成本。現代社會對石油、煤炭等化石原料的依賴程度高，若要減少使用化石原料，增加再生能源使用，必須有一段轉換時間，**成本增加也無可避免**[32]。換句話說，全球經濟將出現負成長，通膨則會增溫。

　　歐洲聯盟（EU，European Union）預定在 2026 年實施碳稅制度，已經在 2023 年 10 月踏出第一步。企業的溫室氣體排放量如果沒有大幅減少，2026 年就會開始被課徵碳稅，如同新的貿易障礙，受影響最大的無疑是鋼鐵產業。整體而言，這項制度對石油等化石燃料出口國、具有能源密集型製造業優勢的國家會造成較大負擔，例如：韓國與中國。

　　為了推動碳中和，美國拜登政府暫停批准新的化石能源探勘。這項宣布如同是限制增加原油供給的變數，在原油需求增加的時候，供應商無法靈活應對市場需求。原油價格上漲會使通膨增溫，這時候若

32　作者註：為了加速朝環保能源轉換，國際上提高碳稅或實施其他規範。碳稅是依照排放二氧化碳的化石燃料用量附加稅金，歐盟已在 2023 年 10 月開始試辦課徵碳稅，預計 2026 年正式實施。這項制度的正式名稱為碳邊境調整機制（CBAM，Carbon Border Adjustment Mechanism），將對環境規範不足的國家課徵產品進口關稅。

增加供給的能力受限制，原油價格上漲的壓力會對通膨造成更大的威脅。

此外，不是只有推動碳中和轉換、實施避免地球暖化的政策會影響經濟成長率、造成通膨，2023 年引起全球氣候變遷的超級聖嬰現象（ENSO，El Niño-Southern Oscillation）[33] 在世界各地造成災害。雖然是已經持續幾千年的氣候現象，但是氣候變遷讓強聖嬰現象的頻率增加。不同國家受氣候影響的程度會有差異，但是這種氣候變遷也會阻礙經濟成長、造成通膨壓力。印度是易受氣候變遷影響的代表性國家。

簡單來說，因為去全球化、實現碳中和社會、氣候變遷等因素聚集在一起，引起的結構性變化不會在短短幾年就結束，我們必須適應更高的通貨膨脹。就連美國也不例外，高通膨率迫使美國採行高利率，帶動全球利率上升。此外，美國的財政赤字也不容忽視，2022 年至 2023 年美元走強的情況也有可能不是例外。

投資美元、外幣資產前應牢記的事

一般投資人進行的國外投資，脫離不了美國股市、其他外國股市、美國國債（包含 ETF[34]）、開立外幣帳戶持有美元或日圓等外

33　聖嬰現象是東太平洋三個月的海平面平均溫度比往年上升攝氏 0.5 度，並且持續長達五個月；若海平面溫度比往年上升攝氏 2 度，則稱為超強聖嬰現象。

34　譯註：指數股票型基金（ETF，Exchange Traded Fund）。

幣存款，再不然就是單純利用匯率變動買賣外幣賺取差價。

　　由於投資美國國債的最低投資金額較高，但是投資美國國債 ETF 也有同樣的效果，我以美國國債 ETF 進行說明。在韓國上市的美國國債 ETF 交易代號最後都是「H」結尾，有能規避匯率變動風險的避險型商品，也有直接暴露在匯率變動風險的商品。投資人該如何選擇呢？

　　想要利用投資美國國債獲利，必須是美國國債利率下降、國債價格上漲或匯率上升才行。如果債券價格與匯率變動的走向相反，就會發生類似 2022 年至 2023 年，利率上升（美國國債價格下跌）、匯率也上升的情況。雖然匯率上升看似能讓投資人獲利，卻會因為利率上升而損失。

　　不是只有美國國債有這種問題。因為債券有到期日，分為二年期國債、十年期國債、三十年期國債，以及其他時間長度的國債交易，依照時間長度不同，債券價格對利率的敏感度也不同。十年期國債對利率變化的價格敏感度會高於兩年期國債。換句話說，到期時間愈長，債券價格受利率影響的波動幅度愈大。

　　在利率上升、匯率也上升時，投資兩年期國債和十年期國債會有不同結果。兩年期國債可利用匯率上升抵消債券價格下跌，依然有可能獲利，但十年期國債在相同的利率變化下，債券價格的跌幅更大，難以用匯率上升彌補下跌的價格。最理想的情況是在美國國債利率達到最高、匯率處於低水準的時候進場投資，但是這種機會很罕見。因為美國國債利率很高的時候，美元價值通常不會被低估。

　　這樣到底該何時買進？關於這個問題，我認為應該先思考投資的目的，為何要投資外幣計價的資產。外幣資產基本上就有計價幣別的問題，貨幣價值又取決於經濟的基本面，換句話說，外幣資產的價值會受該幣別國家的經濟實力影響。每個國家的經濟都會有好有壞，就算和其他國家處在同一個景氣循環，景氣表現也不見得都會一樣好或一樣壞，每個國家都會不同。

　　因此，用來計算資產價值的幣別不同，資產性質也會不同。假設在取得 200 個單位（例如 200 萬元）的資產時，從整體資產價格的穩定性來看，同時持有 100 個單位 A 資產與 100 個單位 B 資產，會優於一次持有 200 個單位的 A 資產或 B 資產。資產也有所謂的相關係數（correlation coefficient），**當相同的資產展現完全相同的價格變化，相關係數為 1**[35]；展現完全相反的價格變化，相關係數為 -1（衍生性金融商品就是為了與特定資產建立相關係數為 -1 的商品，例如：遠期外匯。遠期外匯將於第三篇詳細說明）。

　　如果不是相同資產，也不是因為特定目的設計的衍生性金融商品，兩種資產的相關係數會介於 -1 與 +1 之間。當兩種資產的相關係數在 -1 到 0 之間，表示這兩種資產的價格會呈現反方向變動；當兩種資產的相關係數在 0 到 +1 之間，表示這兩種資產的價格會呈現同方向變動。相關係數愈接近 +1，兩種資產的價格走勢會愈接近。

35　作者註：即便不是完全相同的資產，也會有相關係數為 1 的情況。港幣（HKD）與美元採用聯繫匯率制度（掛鉤），兩者的兌換比例固定，如果拿韓元兌港幣及韓元兌美元的匯率走勢圖相比，兩者的走勢會一致。

　　投資外幣資產的目的，通常是手上已經持有以本國貨幣計價的資產，透過增加相關係數不是1的其他資產降低整體資產的風險，並且提高獲利率。從經驗來看，韓國遭遇經濟危機的時候，幾乎都是韓元貶值，外國資產升值。換句話說，外幣資產可以抵消我們手中韓元資產價格下跌的風險。因此，如果在投資美國國債時選擇了避險商品，這會和買外國資產來當作韓元資產沒有什麼差異。

　　大家要有一個觀念，避險商品不是用來消除匯率波動的風險，而是要拋開投資外幣資產的目的，稀釋投資外幣資產的積極作用。所以若要投資美國國債，應該選擇沒有避險的商品比較好。但是如果購買美國國債是為了從事短期買賣，這就是賭運氣的投資，我無法給你太多建議，只能說若要靠利率變化來決定買或賣，並希望交易更簡單，我會建議你考慮避險商品。

　　投資美元、日圓等外幣定存，雖然可以同時獲得匯率波動與利率複利帶來的雙重效果，仍然必須留意匯兌的手續費。而且在把這筆錢設定成外幣定存的隱形成本，等於放棄了利用這筆錢從事其他投資的獲利。不過將一部分資產以外幣定存的形式持有，是依照個人喜好的理性選擇，還是很有意義。

　　也有投資人只想賺取匯率上升為美元、日圓等他國貨幣帶來的獲利，遇到這一類的投資人，我會建議他們務必再三考慮。因為只靠盯住匯率的升降決定買賣，看似簡單，要獲利卻很難，而且大部分都會虧損。如果有一兩次成功賺到錢使信心大增，接下來很容易投入更多資金下賭注，結果不但會輸掉之前賺到的小錢，還會損失更多。因

為輕鬆賺到的獲利會助長虛假的自信心，自然會使投機下注的金額更高。我在工作上偶爾會遇到有錢人用這種方式交易，他們最後的結局都不太好。大家當然可以試看看，但是我絕對不推薦。

本單元和第一篇「何謂優質資產」裡強調的資產組合是相同概念。

想投資避險資產，該買美元還是日圓？

想找避險資產的投資人總會有個問題：是美元比較好？還是日圓比較好？還是黃金呢？

美元是名副其實的國際準備貨幣，如果能持有一些美元當然不錯，至少不是件壞事。美元容易變現，不但可以用來從事國際貿易，以美元計價的美國股市、美國國債等金融資產相當多，在國外觀光景點也是受歡迎的貨幣。

日圓雖然也有避險資產的功能，但是日圓對國內外的利差非常敏感，當利差與避險資產的特性衝突時，會是利差的影響力比較大。換句話說，當全球股價下跌時，避險資產的價格通常會上漲，但是萬一全球股價下跌的時候，美國國債的價格也下跌，美國國債利率上升，日本與美國的利差擴大，就會造成日圓貶值。2022 年就曾經發生通貨膨脹讓全球股價與債券價格雙雙下跌（利率上升），這時的日圓就無法發揮避險資產應有的功能。

不過日圓是國際上第三常用的貨幣（第二是歐元），而且日本與

韓國的地理位置相對接近，當日圓價格變便宜時，許多韓國人會基於旅遊目的，事先買入持有日圓。

黃金在國際上的交易是以美元計價，交易的貨幣也是美元，所以美元價格若有變化，黃金價格也會受影響。假如把焦點放在黃金價格，只會看到金價變化，假如把焦點放在美元價格，就會發現美元貶值時，金價會上漲；美元升值時，金價會下跌。

其實黃金只是一塊黃澄澄的金屬，之所以會有價值，是因為大家喜歡，願意給予認同，不像績優股能自己創造價值、自己成長，也不像房地產能創造租金。但是在物價上漲的通貨膨脹環境之下，黃金價格也會上漲，若從黃金具有通貨膨脹的避險功能來看，黃金和美元、日圓不同。

不同時間點的選擇：美元 vs. 日圓

對一定要持有美元或日圓才安心的投資人而言，在做選擇時，我通常會建議以用途最廣泛的美元優先，其次才是日圓。但是在不同的時間點，選擇的結果也有可能不同。這裡我必須再提醒一次，需要在美元或日圓之中做選擇，這是假設投資人要從事長期投資，如果只是短期投資，一切必須交給運氣決定。

不論是美元還是日圓，買進的價格都是愈低愈好，能在歷史低點買進會最為有利。秉持這個原則，如果面對美元在歷史高價、日圓（兌韓元匯率）在近幾年低價的時候，我建議暫緩買入美元，先買日圓會是比較好的選擇。因為除了通貨膨脹很高的新興國家，就長遠來

美元兌韓元匯率與日圓兌韓元（每100日圓）
匯率走勢比較

（韓元）

—— 美元兌韓元匯率
—— 日圓對韓元匯率

資料來源：Refinitiv

看，匯率通常會維持在一定水準，因此，價格在歷史低點的貨幣（價值被低估），隨時可能再次上漲，價格在歷史高點的貨幣（價值被高估），隨時有可能會下跌。

　　如果把眼光放到國際局勢，我認為日圓價格還有上漲的空間。2020年中美關係降到冰點，台海局勢緊張升高，未來如果再發生類似情況，市場上對美國國債的需求將會增加，美國國債的利率就會下降，進而讓日圓走強。

黃金 vs. 美國抗通膨債券

黃金價格取決於人們的喜好，也受通貨膨脹的環境影響，不過歷史上黃金價格常與美國的實質利率維持反向變動。如果拿美國的實質利率與黃金價格做比較，有時候能看出金價走勢。

美國有一種利率能展現市場上的實質利率，就是 TIPS 利率。TIPS 是美國抗通膨債券（Treasury Inflation-Protected Securities）的英文縮寫，Treasury 代表美國財政部（United States Department of the Treasury），是美國財政部發行的證券。由於債券性質與物價連結，可以不受通貨膨脹影響，因此被稱為抗通膨債券。簡單來說，TIPS 利率等於排除通貨膨脹因素的實質利率。TIPS 利率大致上和黃金價格呈現反向變動，若取其中一項作為 Y 軸畫出走勢圖，立刻就能看出 TIPS 利率與黃金價格的關係。當 TIPS 利率上升，也就是美國的實質利率上升，黃金價格就會下跌。

然而在 2022 年初，TIPS 利率與國際金價突然開始出現明顯差距，決定性的關鍵是俄烏戰爭。戰爭雖然會引發通貨膨脹，但是美國與歐洲在俄羅斯對烏克蘭出兵後，立即對俄羅斯實施經濟與金融制裁，導致有許多國家必須迂迴繞道，才能跟俄羅斯進行交易。這些受影響的國家開始大量買入黃金，造成黃金的價格上漲。下頁圖可見 2022 年以後，相對於美國的實質利率，金價明顯被高估，未來兩者的差距應該會逐漸縮小。我認為在調整過程之中，黃金的價格不會維持在高處，而應該是美國的實質利率變動之後，黃金價格才反映此種變化。

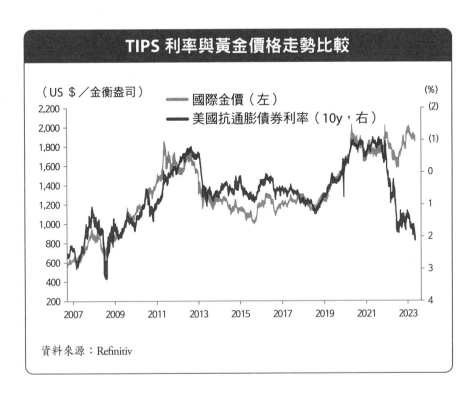

TIPS 利率與黃金價格走勢比較

（US ＄／金衡盎司）

—— 國際金價（左）

—— 美國抗通膨債券利率（10y，右）

資料來源：Refinitiv

　　煩惱是否該投資黃金的人，可能無法完全接受我的邏輯。難道沒有其他替代方案？有的，美國抗通膨債券就是一個可行選項。利率上升時，不論債券是否有與通膨掛鉤，債券價格都會與利率維持反向變化。當利率上升，原本應該下跌的黃金價格跌幅較小且金價被高估時，隨著利率上升而下跌的抗通膨債券的價格就會比投資黃金更有吸引力。由於投資人期待的黃金價格上漲，會發生在抗通膨債券的利率下降時（在利率下降時，抗通膨債券的價格上漲）。換句話說，黃金價格與抗通膨債券的價格是同向變動。如上圖，假如認為金價被高估

而對投資黃金有疑慮，可以考慮投資抗通膨債券。

　　另一方面，韓國的黃金價格會受國際金價與美元兌韓元匯率的雙重影響。因為國際金價統一用美元計價，導致韓國的黃金價格無法避免受美元兌韓元匯率的影響。雖然如此，投資人無須擔心匯率問題會讓投資黃金變複雜。因為韓國的黃金價格與國際金價走勢非常接近，就算把韓國金價走勢看成與國際金價相同，操作上也不會有太大問題。

資料來源：Refinitiv

以長期獲利的角度而言，美元、日圓、黃金是否都是好的投資標的？

　　投資人應該依照投資目的，思考到底是買美元還是買日圓。因為在與其他優質資產比較時，不管是美元或日圓，投資外幣都只能賺得匯率上升時的些許獲利，以及安心感，沒有其他額外收穫；買黃金，甚至連利息收入都沒有。黃金不是能自己創造價值的資產，不適合用來做長期投資。經驗豐富的投資人只會短期持有美元、日圓，作為支付投資的資金，不會把美元、日圓視為投資標的，當然更不會長期持有黃金。

　　若非基於旅遊目的或支付投資，大量持有外國貨幣不是一個好的選擇，建議投資人不要讓外幣在個人資產之中占太大比例。簡單來說，經驗豐富的投資人不會基於投資的目的持有美元或日圓本身，而是持有用美元或日圓計價的金融商品，例如：美國股票、美國債券、日本股票、指數股票型基金（ETF）、外國房地產等。雖然在整體投資組合之中，還是要持有一些美元、日圓或黃金，才能降低各個資產之間的相關係數，達到保護整體投資組合的效果，但是美元、日圓與黃金的比例不要太高，才是比較理想的分配。

　　另外，因為想投資避險資產而買美元或日圓的人，通常會偏好活存或定存。有不少人認為，「投資」聽起來太遙遠，做一些比較簡單的活存或定存就好。活存或定存的好處是保證本金不會減少，但是也完全沒有高獲利的機會。如果打算只靠儲蓄讓資產增加，這樣的想法比較不切實際，低風險自然就不會有高獲利。

定存、活存安全嗎？

必須在通膨率不超過一定水準的前提下，定存、活存才是避險資產。對我們這一代而言，韓國的通貨膨脹算是維持在一個適當的水準，不過即便是現在，世界上依然有一些國家面臨著長期、嚴重的通膨問題，例如：土耳其與阿根廷

高通膨代表貨幣價值相對貶值，也就是和其他國家比較時，如果韓國的通膨率高，韓元就會相對貶值。美元與新興國家的貨幣相比，之所以能長期維持升值，就是因為絕大部分時間，新興國家的通膨率都遠高於美國。最能解釋貨幣價值長期變化的因素就是通貨膨脹，只是凡事總有例外。越南雖然沒有很嚴重的通膨壓力，但是其最大貿易對手國──中國人民幣的影響力不斷增加之下，越南的貨幣價值長期處於貶值狀態。

問題在於韓國，韓國的生育率排名全世界墊底，人口結構快速老化，韓國政府未來社會保障的預算勢必會大幅提高，財政負擔絕對沈重，如果再加上民粹主義，恐怕難以控制通貨膨脹與貨幣貶值。雖然這些問題短期內還不會發生，但是將來韓國會不會淪落到土耳其或阿根廷的地步，恐怕沒人能保證。

雖然面對 1997 年亞洲金融風暴與 2008 年全球金融海嘯，韓國算是相對早脫離危機的國家，未來依舊無人能保證，大家對遙遠的未來感到不安也是理所當然。為了因應將來通貨膨脹的風險，事先持有一些海外資產是聰明的應對方式。如果從這個角度來看（長期觀點），持有以美元或日圓計價的金融資產，會比直接持有美元或日圓更好。

從資產分配的角度看外幣資產用途

假如有機會重新配置資產比例，我應該會增加價格變化相關係數低的資產。外幣資產基於貨幣本身的差異性，與韓元資產的相關係數低，因此若把外幣資產列入我的投資組合，有助於降低整體資產風險，也能增加獲利。換句話說，對於只持有韓國房地產或韓國股票的投資人，嘗試投資以外幣計價的金融資產，會有助於長期成果。

擁有韓元計價資產（例如：KOSPI 股票）的人，如果同時也持有其他外幣計價的資產，整體資產的平均獲利就會提高，風險也會降低。但是如果投資的外幣資產是避險商品，就會產生以外幣資產取代韓元資產的效果，削弱海外投資的意義，這在前面已經提過。所以如果不是短期投資、對新興國家的資產進行投資，建議不要選擇避險商品。

對美元感興趣的時機 vs. 適合投資的時機

什麼時候大家會一窩蜂地想投資美元？如果想賺到最多獲利，選在美元價格最低的時候買進，是千古不變的道理。但是在現實生活中，大家都會這樣做嗎？很遺憾的是不會。

千萬不能小看投資的世界，身在其中很容易搖擺不定。第一篇談到股票市場的時候，曾經提到心理學的社會證據，也舉了故意拍影片測試人心的例子。這個現象不僅會發生在股票市場，投資美元的時候也經常發生。

可惜一般人會關心美元價格的時候，通常不是美元在最低價的時候，而是美元已經開始上漲。這時候會有媒體報導，身邊的人也開始談論。其實在美元價格上漲的初期，進場投資還不算太晚，只是投資人很難在這段期間立刻做出決定。因為真正精通美元、匯率的人不多，最後通常是看到身邊的人有在投資美元，社會證據已經非常強烈的時候，才有信心出手買美元。

所以投資人真正下定決心投資美元時，通常已經慢了，錯過了適合投資的時機。但是如果覺得慢了也無所謂，還是想用小錢投資看看的話，當然也是無妨，尤其是不計較結果的投資新手，這樣的嘗試已經很不錯。但是已經過了最適合投資美元的時間，想要等到下一次再跌到這個水準，會需要經過一段相當長的時間。

投資美元可以像在做美元定存，分批買入，或者分批買進美國國債（直接投資）、美國國債 ETF。當美元走強、日圓走弱的時候，也能考慮投資在日本上市的美國國債 ETF（2022 年至 2023 年在韓國投資人中很流行，雖然不容易賺得短期獲利，但是就長遠觀點來看，不失為一種還不錯的投資方式）。這幾種投資方式無法跟股票等風險資產一樣能有高獲利，但是以想持有一些避險資產的角度來看是不錯的。

大家務必切記，適合投資美元的時機，絕對不是媒體大肆報導美元消息的時候，也不是很多人都在投資美元的時候。相反地，媒體減少報導美元消息、市場上也不流行投資美元時，才真正適合進場投資。

是否該依照市場前景改變投資策略

　　投資人在做金融決策之前，經常有個共同的行為，就是會問市場的前景如何，想了解市場預測。這是在做決策之前很自然的事。

　　雖然先看市場預測再做決策並不奇怪，到底該不該有這個過程就值得討論。投資前應該先看市場預測嗎？

　　不管是美元、匯率、股價、利率，向金融從業人員詢問市場的未來展望，或是聽取專業人員的意見，預測的準確性都差不多。因為專家擅長分析過去與現在，利用已有的資料加以說明，不可能有擅長預測未來的專家存在。不管誰來都一樣，只能利用現有證據推測未來，所以嚴格說來，一般人的預測能力跟專家不會有太大差異，只是專家的話聽起來比較有說服力。

　　既然如此，依照市場預測做投資決策不就很奇怪？預測準確的機率是一半，失準的機率也有一半，這樣還要依照市場預測做決策嗎？

　　所以做決策的重點，應該是思考如何減少自己的損失，而不是盲目地被市場預測牽著走。換句話說，應該讓市場預測與自己的投資決策分開來。

　　舉例來說，某甲打算在一個月內買入美元，因為匯率上升時會產生損失、匯率下降時能賺到獲利，某甲每天望眼欲穿地等待匯率下跌。行為經濟學（behavioral economics）認為，金錢損失對心理的打擊程度大約是賺錢喜悅的兩倍。所以面對市場走向的因應之道、投資決策，應該是把重點放在設法減少損失。

當謹慎的人打算在一個月內買入美元時，經常會想「等價錢再多跌一點」，傾向給予更長時間的等待，最後往往一個月過去了，在沒有選擇餘地的時候才不得已買進。遇到這種猶豫的情況，我會建議先買一小部分，減少一些剩餘資金、降低風險，之後再來煩惱剩下的資金要何時進場，賣的時候也一樣。

韓國下一次經濟危機是何種型態

習近平時代，還有許多人不習慣中國對民營企業的強力控制。這或許是因為鄧小平的改革開放政策，為中國奠定現代化基礎的印象，至今還深刻地留在我們的腦海裡。甚至於就在幾年前，大家還認為中國會經歷西式的現代化與民主化過程。如果現在是期中考，當時大家的想法根本都是錯的。

秦始皇結束春秋戰國時代，完成大一統之後，中國的中央政府開始握有強大的政權，對於幅員遼闊的領土展現有效率、有組織的管理能力。不過諷刺的是，儘管中國在世界上最早發明紙幣，在世界金融史上寫下了劃時代的一筆，而且在工業革命之前，中國的文明領先西方，但是對國債的發行卻遠遠落後歐洲國家。直到進入十九世紀，中國才第一次發行國債。這應該是權力與資本過度集中於國家所導致。

國債的歷史與現在

國債最早出現在十二世紀的義大利，弱小的城邦國家為了籌措戰

爭經費，利用發行債券向民間投資人借款，約定好將來歸還。相對之下，中國的朝廷掌握了大部分的民間經濟，沒必要發行國債向百姓借錢。

西方國家的國債市場快速發展，現在跟股票市場同為吸納鉅額資金的資本市場核心，其中又以美國的國債市場最為發達。全世界對美國國債的需求源源不絕，讓美國得以盡情享受來自世界各國主動奉上的資本，不過美國終於也在 2023 年 8 月嘗到苦果。

2023 年 8 月，美國的信用等級被調降，消息一出讓各界跌破眼鏡。因為威脅美國政府信用的聯邦政府債務上限問題，政府與國會的對峙早在幾個月前就已落幕，這時候的信用調降彷彿一記回馬槍。調降美國信用等級的評等公司是惠譽國際（Fitch），將國債信用等級從 AAA 降為 AA+，理由是**美國的財政將會惡化、國家負債壓力增加、政府治理能力衰退**等。治理能力衰退是指，在過去的二十年，聯邦政府與議會經常因為負債的法定上限問題激烈對峙，每次卻都是戲劇性地落幕，這個情況反覆出現。

美國信用評等被調降對韓國的啟示

惠譽調降美國信用評等的理由，有可能是將來韓國政府也會遭遇的命運，有必要深入討論。當時惠譽預估，美國政府的財政赤字會從 2022 年占國內生產毛額（GDP）3.7％，增加到 2023 年占 6.3％；降評等的理由則是「聯邦政府稅收減少，財政支出與利息負擔增加」，「若美國不進行財政改革，往後十年內將因為利率上升與負債增加，

償還利息的負擔增加，且人口高齡化、醫療費用上升，政府對高齡者的支出也會增加」。

這幾項美國被惠譽點出的問題，將來發生在韓國也不足為奇。韓國是全世界生育率最低、人口高齡化速度最快的國家，未來發展堪虞已是茶餘飯後的話題。真正的問題在於，低生育率、人口快速高齡化非常難以解決。面對民眾對增稅的反彈情緒，渴望選票的政治人物缺乏違背民意的動力，也很難擺脫浮濫編列預算的誘惑，更甭提導入新的財政紀律，連要實施財政改革都很困難。財政支出只要增加了就很難再減少，這個問題不只會發生在家計部門，對國家的運作也一樣。

如果韓國再次面對經濟危機

韓國的國會預算政策辦公室（NABO，National Assembly Budget Office）每兩年定期公布新的財政展望報告，這份《2022 至 2070 年 NABO 長期財政展望》（2022 ～ 2070 년 NABO 장기 재정전망）有必要一看。韓國的人口結構變化除了**潛在成長率下滑**，也會造成**稅收基礎薄弱與社會福利支出增加**。

依照這份報告書的內容，假設韓國政府維持過去十年財政支出占 GDP 的比例（報告書的情境Ⅰ），2070 年國家負債比率將達到 192.6％（**如下頁圖**）；這裡尚未包含韓國電力公司（Korea Electric Power Corporation）等非金融領域的公營企業負債。在經濟合作暨發展組織（OECD）會員國裡，韓國的公營企業比例算高，意味韓國政府未來面對的實質負債，一定會比報告書預估的更高。阿根廷的國家

財政已經瀕臨崩潰，如果把韓國跟阿根廷做比較，韓國的前景十分黯淡。

　　如果將來韓國再次面對經濟危機，性質應該會跟 1997 年的亞洲金融風暴不同。新興國家的經濟危機有兩種途徑，一種是在金融自由

韓國與阿根廷的國家債務走勢與展望

資料來源：IMF、韓國國會預算政策辦公室

註：上圖的時間軸（X 軸）裡，1990 年至 2030 年與 2030 年至 2070 年雖然都是四十年，但是兩段區間的坐標間距不同。因 2030 年起的坐標間距縮小，之後的折線看似非常陡峭，如果把間距放大為與 2030 年以前一致，折線就會比較平緩。

化與全球化的過程萌芽，1990 年代末期，韓國遭遇的金融風暴就屬於這種類型；另一種是國家的**財政失衡、財政崩潰造成**，阿根廷等中南美洲國家屬於這種類型。

韓國現在經常被列為已開發國家，阿根廷在 1980 年代的國家地位也很高，比較兩國會發現，韓國與阿根廷有許多方面很類似。將來如果韓國又發生經濟危機，我認為很可能是財政失衡所導致。

擔心韓國未來的投資人是否有替代方案？

對韓國未來的經濟發展如果抱持悲觀態度，想避免在下一次韓國遭遇金融危機時發生損失，應該採取何種措施？

大家不必想得太難。將來韓國的經濟危機會使韓元資產貶值，外幣資產價值相對升值。如果想讓自己的資產維持穩定，除了持有以韓元計價的資產之外，持有外幣計價的資產也是個合適的選擇。基本上，只要計價的幣別不同，相互間的關聯性就低，因此在投資組合裡加入用其他幣別計價的資產，就能提高整體資產的穩定性。

中國挑戰美元的地位，威脅性有多高？

因為美元具有國際準備貨幣的地位，美國宛如掌握著全世界的經濟命脈，甚至還能把美元當作武器，教訓想反抗或關係不睦的國家。

以近期的俄羅斯為例，2022 年 2 月俄羅斯出兵攻打烏克蘭，美國與歐洲隨即展開對俄羅斯的大規模經濟制裁、金融制裁，切斷俄羅斯的美元金流。其實外界對俄羅斯的制裁不是 2022 年才突然開始，

早在 2014 年俄羅斯強行吞併烏克蘭南部的克里米亞半島就已經有了。

　　既然如此，中國高喊著「中國夢」挑戰美國，難道不覺得美國也會同樣用美元來對付自己，必須有所準備？此外，1989 年天安門事件之後，中國就有被美國及歐洲從經濟等多方面制裁的經驗。

　　中國當然不會坐以待斃。2023 年 3 月中國在兩會的全國人大（全國人民代表大會）提出改革方案，把一部分國務院的主要職能移交給共產黨直接負責，包括半導體供應鏈及金融監管。這在外界看來，如同中國在提前布局，預防戰爭爆發時能確保製造武器必要的半導體晶片，以及美國以金融制裁切斷美元金流的風險。台灣海峽已成為世界公認的火藥庫，中國已開始為中美衝突、被美國與歐洲經濟制裁提前做準備。

　　除此之外，中國也推動人民幣結算政策，希望提高人民幣在國際貨幣系統的地位，減少對美元的依賴。2023 年巴基斯坦在中國的支持下，使用人民幣向俄羅斯購買原油；巴西也與中國達成協議，在兩國之間的貿易與投資，改用人民幣或巴西里爾（BRL）直接交易，使用中國推行的國際人民幣結算系統。

　　中國也成功利用人民幣結算，向阿拉伯聯合大公國（UAE）購買液化天然氣（LNG，liquefied natural gas），持續推動利用人民幣向沙烏地阿拉伯進口原油，但沙烏地阿拉伯還在中美關係之間走鋼索。截至 2023 年撰寫本書此刻，中國尚未成功以人民幣取代美元與沙烏地阿拉伯進行交易。

　　不僅如此，中國還嘗試擴大**金磚國家（BRICS）組織**[36]，2023 年有沙烏地阿拉伯與伊朗等六國正式加入。路透通訊社（Reuters）曾經報導，還有超過四十國有意願加入金磚國家組織。

　　2023 年歐洲有二十個國家以歐元作為貨幣，中國希望人民幣能像歐元一樣成為國際貨幣，積極推動在金磚國家的會員國之間實施「共同貨幣」。但是除了俄羅斯之外，印度、巴西、南非共和國等會員國仍無法放棄與美國的關係，會員國之間的利害關係不一致，使中國推動人民幣成為共同貨幣受阻。雖然人民幣在國際上的用途已經有增加，但是目前仍局限於一部分的貿易結算。

　　然而，美元的國際準備貨幣地位，不是只要有多數國家達成協議就可以取消的。**美元真正的力量在於深度與廣度，這來自於美國金融市場的開放性與高度發展，以及資本主義的系統**。大家可以回想美國的國債市場、股票市場、各種衍生性金融商品。錢不是只有用在國際貿易的結算支付，跨國的金流之中，資本交易創造的資金流動規模遠高於國際貿易。先進國家的資本流動在國際資本占很大的部分，但是對先進國家而言，中國的形象不夠可靠，政策方向難以預測，民族主義也有愈來愈強烈的傾向，這些都是人民幣不容易成為國際準備貨幣的原因。

　　即便美國經濟、美元的國際準備貨幣系統看起來有不少問題，但是學界普遍認為，就算經過相當長的時間，全世界也不容易脫離這個

36　作者註：新興經濟五國：巴西、俄羅斯、印度、中國、南非共和國。

均衡狀態。過去二十年，中國曾經是韓國最大的貿易伙伴，但是韓國企業在與中國企業進行貿易時，以美元支付的比例非常高，光從這裡就能看出美元地位穩固的程度。

第 3 篇

美元與國際貿易

| 第7堂課 |

對內／外均衡與匯率

　　我在工作上會收到國貿人員與記者的各種提問，本篇各個單元將針對這些提問回答。

貿易收支、經常帳與匯率

　　貿易收支與經常帳（參見第1堂課）容易混淆，必須特別留意才能正確區分，這兩者都是與匯率有密切關係的金融指標。

　　構成經常帳的項目之中，商品貿易是計算商品的進出口交易，與貿易收支的概念類似。經常帳是一種本國從國外賺得的利益或損失的概念，經常帳除了計算商品的進口與出口（商品貿易），也包括本國人去海外旅遊使用的錢及外國人到本國旅遊帶來的錢（服務貿易的一部分）、外國人在本國獲得的股利與利息及本國人在海外獲得的股利與利息（所得收支）、無償援助（移轉性收入）等。商品貿易與貿易收支的概念看似一樣，但是因為兩者計算的基準不同，所以商品貿易

與貿易收支不同。

貿易收支的計算是以業者向關稅局申報的資料為準。本國業者如果透過在海外設立的子公司生產產品，並且直接在海外銷售（加工出口貿易〔processing trade〕），這筆資料就會被計入經常帳的商品貿易，而不是貿易收支。轉口貿易（intermediary trade）也不會被課徵關稅，所以也是計入經常帳的商品貿易，而非貿易收支。轉口貿易則是業者以出口作為目的進口商品，但是不會讓商品進入本國（進入本國就要課稅），只能在**保稅區**[37] 內存放或加工，之後就繼續往第三國出口轉售。船舶則因為進入關稅領域的時間點與所有權移轉的時間點不同，被計入貿易收支與經常帳商品貿易的時間也會不同。

有時候記者會在主管機關公布經常帳或貿易收支的統計結果後，向我提問匯率相關問題，例如：「是否因為最新公布的經常帳是逆差，造成今天的匯率上升？」我必須再次提醒，經常帳的資料最快也要經過一個月才會公布，例如：9 月初公布 7 月一整個月的經常帳，所以不太適合說一個月前的經常帳數據影響了今天的匯率。在韓國的經常帳裡，商品貿易占了絕大部分的比重，也可以把經常帳簡化為商品貿易帳來思考，進出口環境會提前反應在市場價格。換句話說，半導體等產品的單價漲跌和海外買家的訂單量有大幅增減，隨時都能在市場上立即觀察到，今日的匯率變動不會是一個月前的統計數據所造

---

37 作者註：保稅區是一個經過海關批准的區域，也稱為保稅倉庫，可以暫放貨物，區域內的貨物不必經過進出口程序，也不必計算關稅。

成。所幸韓國的貿易收支統計資料是次月 1 日立即公布，且每月 1 至 10 日、11 至 20 日的統計也會立即在隔天（遇例假日順延）公布，時間上的落差較小。

因此，大家必須要有一個概念，出口訂單量、產品單價變動等出口的景氣變化會影響經常帳與貿易收支，也能立即影響匯率，延後公布的經常帳與貿易收支統計不會影響匯率。

外幣存款走勢與匯率

韓國的外幣存款統計數據每個月定期由韓國銀行公布，是指居民存放在外匯指定銀行的外幣存款，對象包括韓國人、韓國企業、在韓國居留超過六個月的外國人、在韓國投資的外資企業等。

曾經有財經記者在韓國銀行公布外幣存款統計數據當天，希望我對「外幣存款對匯率造成的影響」發表看法；當時適逢匯率的波動幅度很大，各界非常關心匯率問題。但是我認為，這個問題應該要倒過來問才對，因為是匯率變動影響外幣存款的增減，不是外幣存款的增減造成匯率變動。

在匯率上升期間，外幣存款容易減少；在匯率下降期間，外幣存款容易增加。因為不論是企業或個人，只要是持有外幣的經濟主體，看到匯率上升通常會賣出美元，看到匯率下降則會減少賣出美元或傾向多等一下；美元需求者則會增加購買美元。換句話說，外幣存款是匯率的應變數（dependent variable），外匯存款的走勢不會讓匯率發

生變化，這一點必須特別注意。

　　如果一國的外幣存款長期維持增加的趨勢，應該用另一個角度來看。簡單來說，外幣存款持續增加不是因為匯率下降。以過去十年為例，美元兌韓元匯率長期維持在升值，但是韓國的外幣存款金額也長期維持著增加的走勢，如下圖所示。

　　外幣存款長期增加與國內經濟主體擴大投資範圍、對外投資增加有關。韓國政府在 2015 年實施振興海外投資方案之後，國內資本的對外投資就開始顯著成長。企業累積下來的經常帳順差成為海外投資

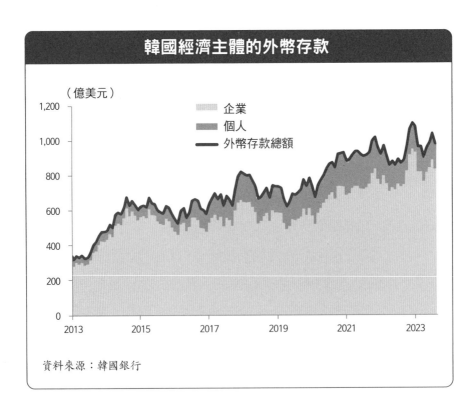

韓國經濟主體的外幣存款

（億美元）

企業
個人
外幣存款總額

資料來源：韓國銀行

的本金，國民年金等各種退休基金的存款增加，也延續到海外投資，一般投資人為了對美國股票等海外資產進行投資，放在證券公司的資金也同樣增加。從 2014 年下半年度起，韓國的對外淨金融資產由負數轉為正數，韓國成為資本輸出國。

韓國資本投資海外股市、海外債券的餘額是計入對外金融資產，外國人投資韓國股市、韓國債券的餘額是計入對外金融負債。因此若對外淨資產為正數（＋），表示韓國對海外投資的餘額高於外國人對

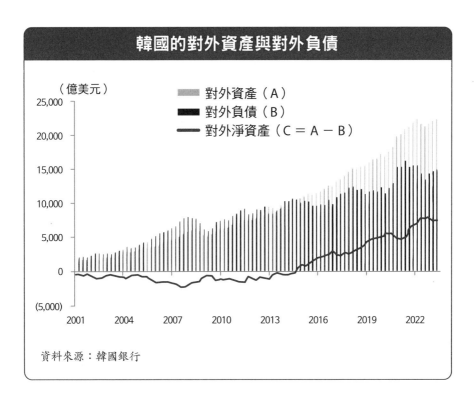

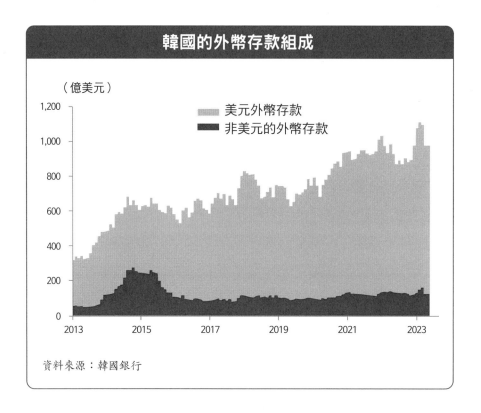

韓國的外幣存款組成

（億美元）

- 美元外幣存款
- 非美元的外幣存款

資料來源：韓國銀行

韓國投資的餘額。此外，不論是對外金融資產或對外金融負債的餘額
增減，都有可能是投資本金的增減或投資標的的資產預估值增減所造
成。實際上，投資本金的增減與投資標的的估值增減都會對資產與負
債造成影響。

　　另一方面，在韓國的外幣存款之中，美元占的比率非常高，2023
年8月底高達83.8％，其次是日圓8.4％。如上圖所示，近十年韓國
的外幣存款之所以會增加，主要是美元存款增加所造成。這與韓國企
業的出口貿易有超過90％以美元支付、韓國資本的海外投資集中於

美國也有關係。

另一方面，當匯率波動的幅度過大時，外匯存底可以用來穩定匯率，所以在美元升值的時候，外匯存底往往減少。這時候減少的外匯存底，通常會在美元貶值的時候又補充回來。2021 年 10 月底，韓國的外匯存底有 4,692 億美元，由於美元持續走強，外匯存底逐漸減少，2023 年 8 月底是 4,183 億美元。

那麼一個國家適當的外匯存底大概是多少呢？

適當的外匯存底是多少

1997 年韓國遭遇經濟危機，外匯存底幾乎耗盡，最後不得不接受國際貨幣基金（IMF）的建議，實施了嚴格的結構調整，經濟才重新步上軌道。韓國經過這次教訓，後來就開始大量累積外匯存底。

在 2008 年全球金融海嘯爆發前，外界普遍認為韓國的外匯存底是非常適當的水準，沒想到真正面對全球金融海嘯的來襲，這些外匯存底依然無法抵禦衝擊。當時與全世界的貨幣比較，美元兌韓元相對強勢，也就是韓元相對於美元非常弱勢。

到底一個國家適當的外匯存底是多少？

換個方式來想，假如外面失火了，火舌不斷朝家裡逼近，火勢也非常猛烈，我們的屋子要堅固到何種程度，才有辦法不被火勢波及？其實，如果這場火的火勢太過猛烈，再堅固的房舍也無法抵抗火神襲

擊。外匯存底也是同樣的概念。

　　一個國家持有的外匯存底愈多，對外部衝擊的防禦能力愈高。但是國家持有外匯存底的目的是確保安全性與流動性，必須為此放棄獲利性。換句話說，一國的外匯存底愈多，機會成本也愈高。假設在我的所得之中，除了必要的生活費之外，剩下的90％用來買醫療保險，10％用來投資，這會有什麼結果？如果我顛倒過來，把可支配所得的10％拿來支付醫療保險費用，90％用來投資，結果又會如何？第二種情形在生活中很常見，第一種情況用來保險的資金比例太高，生活中比較少見。如果真的發生嚴重災害，或者遭遇超過保險理賠範圍的意外事故，就算是之前認為投保的保險已經足夠，依然有可能無法彌補全部損失。

　　所以世界上不存在可以計算適合各國的外匯存底的通用法則。換句話說，雖然國際貨幣基金與國際清算銀行都有提出一套適當的外匯存底標準，兩者都不是標準答案。相對於國際貨幣基金提出的標準，國際清算銀行的標準比較保守，建議的適當外匯存底金額較高。

　　國際貨幣基金的標準較常被引用，下面一起來看看。

　　國際貨幣基金以短期外債、M2 貨幣供給量、出口額、投資組合與其他投資負債餘額等四項變數，綜合計算外匯存底適足程度指數（ARA，Assessing Reserve Adequacy）[38]，計算出的結果如果超過100％，該國持有的外匯存底就能視為適足水準。

38　原　註：https://www.imf.org/external/datamapper/Reserves_ARA@ARA/CHN/IND/BRA/RUS/ZAF

以韓國為例，外匯存底大約在國際貨幣基金建議的適足水準（ARA）上下，2022 年是 97％，雖然略低於 100％，但也不會被認為是危險的程度。2022 年中國的外匯存底只有國際貨幣基金建議的 67％，但是在全球金融安全網的部分被評為亞洲最安全。國際貨幣基金將因應金融危機的全球金融安全網分為四大類：外匯存底、央行之間的貨幣互換、地區金融協定、全球性的資金支援制度；外匯存底只是評估金融安全網的其中一項。

韓國已和瑞士、加拿大、澳洲等多個已開發國家的中央銀行簽署換匯協定，也有加入東協加三[39]（ASEAN+3，ASEAN Plus Three Cooperation）的地區金融協定，在全球性的資金援助制度上，有國際貨幣基金提供的彈性貸款制度，但目前還沒使用過[40]。

美國財務部的匯率政策報告書，匯率操縱國

詞彙能藉由文字傳遞感覺與形象。當一個國家被列入「匯率操縱國（currency manipulator）的名單，這代表什麼意義呢？

第二次世界大戰後，1944 年 7 月聯合國的二十九國代表聚集在美國新罕布夏州布列敦森林（Breton Woods），討論成立國際共同貨幣與國際金融機構的議題。這兩項議題是英國經濟學家約翰·梅納

39　譯註：東協加三是原東協會員國與中國、日本和韓國的合作機制。
40　編按：台灣的外匯存底規模在全球名列前茅，雖然未和其他國家簽訂換匯協議或參與東協等國際組織，但足以有效應對外部經濟衝擊。

德・凱因斯（John Maynard Keynes）在 1933 年提出的意見。會議結果對建立新的國際金融秩序達成協議，而且是以美國為中心。美國在經歷兩次世界大戰之後，以超強大國的姿態登場。

國際貨幣基金（IMF）與世界銀行（World Bank）就是在這個背景下成立。世界銀行成立之初的名稱是國際復興開發銀行（IBRD，International Bank for Reconstruction and Development）；國際貨幣基金則是負責解決國際收支失衡的問題。美國口中的匯率操縱國，就包含有國際收支失衡的意思。

除此之外，美國認為美元的價格應該要由市場供需決定。匯率操縱國就是在這幾個概念之下，美國依照其國內法進行認定。首先是 1988 年雷根政府[41] 欲對貿易對手國的不公平貿易行為採取行動，頒布「綜合貿易暨競爭力法」（Omnibus Trade and Competitiveness Act），之後歐巴馬政府也在 2015 年頒布「貿易促進法」（Trade Promotion Authority），成為更現代版的法案；對美國有龐大貿易收支順差的國家則是審查對象。這兩件法案會依照美國的國內法做細項調整，由於不是國際法，所有內容皆是以美國利益至上的角度制定。

美國財政部在每半年出刊一次的匯率政策報告書（Macroeconomic and Foreign Exchange Policies of Major Trading Partners of the United States）公布匯率操縱國名單，這份報告書在某個時間點又會特別受

41　譯註：隆納德・雷根（Ronald Reagan）從 1981 年至 1989 年擔任第四十任美國總統。

市場重視。

如果要讓美元價格依照市場的供給與需求自然決定，各國就不能干預外匯市場。國家干預外匯市場的情況大致可分為兩種，一種是本國貨幣過於弱勢，為了避免本國貨幣繼續貶值而進行干預；另一種則是本國貨幣過度強勢，為了避免本國貨幣繼續升值而介入。

美國看不順眼哪一種情況呢？是前者還是後者？如果是前者，站在各國的立場，當本國貨幣疲軟，國際收支會變得脆弱，該國在市場上也容易被認為是經濟發展不佳，嚴重的時候還可能發生經濟危機，因此該國政府積極介入外匯市場，避免本國貨幣持續貶值。這個方式是不得已的措施，並不會損害美國的利益。而且如果該國發生經濟問題，應該透過國際貨幣基金解決，而不是由美國出面警告，要求陷入經濟困境的國家不要介入外匯市場。

本國貨幣太過強勢時，這個國家的經濟條件可能已經相對優於其他國家。一國已經處在經濟發展相對良好的條件，卻想避免本國貨幣升值而干預外匯市場，看在美國眼裡，就會覺得該國目的不單純。因為人為干預市場價格如果不是在發生經濟危機的時候，就會破壞市場秩序。在國際貿易領域，人為干預匯率屬於為了獲取貿易優勢的不公平交易行為。

因此，美國財政部如果剛好在美元疲軟的時候發表匯率政策報告書，就會特別受到市場重視。

美國依照下列標準，將特定國家列入匯率操縱國名單，進行現代版的深入分析。

(1) 一國干預外匯市場時，美元的淨買匯金額高於該國 GDP 的 2%，且十二個月內有超過八個月是淨買匯。

(2) 該國的經常帳順差高於 GDP 的 3% 或經常帳缺口達到或大於 1%。

(3) 該國對美國的貿易帳順差達到或高於 150 億美元。

這幾項標準並非永遠固定不變，美國總統拜登上任之後，還讓條件更嚴格，只要一國滿足上列三項條件的其中兩項，就會被列入匯率操縱國的觀察名單，三項條件都滿足時，就會列入必須深入分析的對象。如果成為必須深入分析的國家，依照 1988 年實施的「綜合貿易暨競爭力法」，美國會開始與當事國談判，尋找解決對策；依照 2015 年實施的「貿易促進法」，美國企業若對該國進行投資，將無法獲得美國政府的財務支援。

在美國財政部 2023 年 11 月 7 日發表的 2023 年下半年度匯率政策報告書裡，沒有任何國家被列入深度分析對象，但觀察名單有六國，韓國則是七年以來首次被排除在觀察名單之外[42]。匯率操縱國

---

42 譯註：根據中央銀行第 105 號新聞稿資料，2024 年 6 月 21 日美國財政部公布半年度匯率政策報告（檢視期間為 2023 年全年），未將任何貿易對手國列為匯率操縱國，惟將中國大陸、德國、馬來西亞、新加坡、越南、台灣繼續列為觀察名單；另新增日本為觀察名單。本次報告指出，台灣對美國商品及服務貿易順差達 481 億美元、台灣經常帳順差對 GDP 比率為 13.9%、本行淨賣匯約 28 億美元（GDP 之 -0.4%）。因台灣觸及對美國的貿易帳順差高於 150 億美元，且經常帳順差高於 GDP 3% 的標準，被列入觀察名單。

是 1988 年「綜合貿易暨競爭力法」的用語，這項法案有比較全面性的規範；深度分析對象則是 2015 年「貿易促進法」才有的用語。由於美國政府並不是以 2015 年的法案取代 1988 年的法案，因此「綜合貿易暨競爭力法」依然有法律效力。1988 年「綜合貿易暨競爭力法」生效時，韓國與台灣曾經被當作範例，一起被列為匯率操縱國，隔年隨即被解除，目前韓國還不曾被列入深度分析國。

川普政府曾經將越南、瑞士與中國列為匯率操縱國。越南與瑞士在 2020 年 12 月被美國依照 2015 年的「貿易促進法」列為深度分析對象，並且依照 1988 年的「綜合貿易暨競爭力法」被列為匯率操縱國。中國則是在 2019 年 8 月被美國依照 1988 年的「綜合貿易暨競爭力法」列為匯率操縱國，但是並未依照 2015 年的「貿易促進法」被列為深度分析對象。

雖然上述國家都曾經被列為匯率操縱國，事後對外匯市場產生的實質影響卻很難察覺，有點雷聲大雨點小的感覺。

被誇大的貨幣戰爭

貨幣戰爭這個用語乍看之下好像有很嚴重的事情即將發生，其實只是媒體、評論家愛用的詞彙，實際上沒有特別的意思。

媒體會提到貨幣戰爭，通常是在美元貶值的時候。站在主要國家的立場，當本國貨幣變強勢時，為了要在貿易上獲得利益，這些國家會引導本國貨幣貶值，同時進行買匯（買入美元）。但是我認為媒體

用戰爭來形容這件事有點言過其實。

　　至少就足以影響國際金融秩序的美國與七大工業國組織（G7）[43] 成員來說，這些國家不會為了獲取貿易上的利益，故意引導本國貨幣貶值，干預外匯市場。如果是用貨幣戰爭描述 1985 年的「廣場協議」（Plaza Accord），幾個主要國家引導美元貶值、日圓與德國馬克升值的現象，還比較可以理解。現在的媒體似乎太過頻繁地使用貨幣戰爭一詞，而且七大工業國組織以外的其他國家，很少為了在國際貿易上獲得利益，故意干預匯率市場，使本國貨幣貶值。

　　另一方面，也有媒體會用逆向貨幣戰爭來形容美元太過強勢時，有些國家為了避免本國貨幣貶值太多，因而干預外匯市場。我認為這一樣只是新聞用語。一個國家對抗賣出本國貨幣、買入美元的不特定多數，對象不是一個明確的國家，硬要扯到戰爭很奇怪。如果是因為投機操作造成本國貨幣大幅貶值，可以看成是一國與投機勢力的戰爭；如果是全球經濟危機造成本國貨幣大幅貶值，應該以一國對抗經濟危機的匯率保衛戰來描述才會比較恰當。

43　譯註：美國、加拿大、英國、法國、德國、義大利及日本。

| 第8堂課 |

外匯市場的供需與匯率風險

　　真正主導美元兌韓元匯率變動的影響力來自於外國人。相對於韓國國內資本的海外投資較持續、較穩定，變動程度相對小，海外資本對韓國投資的變動則相對較大。

　　另一方面，企業為了管理匯率風險進行衍生性金融商品（financial derivatives）的交易，我也會針對基本的衍生性金融商品進行說明。

外國人的資本移動與匯率

　　海外資本若要投資韓國（台灣）股市或債券，必須在外匯市場賣出美元、買入韓元（台幣），這個過程會使美元貶值、韓元（台幣）升值，造成美元兌韓元（台幣）匯率下降。相反地，已經投資韓國（台灣）股市或債券的海外資本，若要撤回這筆資金，則會買入美元、賣出韓元（台幣），造成美元升值、韓元（台幣）貶值，也就是

美元兌韓元（台幣）匯率上升。

　　所以在解釋匯率變化的時候，大家經常會說外資買了（或賣了）多少股票或債券，因而造成匯率變動。有關外資買賣韓國股票、債券的交易統計，韓國金融監督院（Financial Supervisory Service）在每月中旬會定期公布上個月的資料。[44]

　　如果看韓國金融監督院的統計數據，可以發現計算外資購買股票與債券的方式有差異。外國資本投資韓國股市的金額，是以外國人的買進減賣出得到淨匯入；投資債券的金額是外國人的買進減賣出得到淨匯入之後，還要再扣除到期還款的金額。為何兩者會有這種不同？

　　股票與債券都是有價證券，差異在於有無期限。公司的會計是假設公司存續，一般股票只要公司存在，永遠沒有到期日。所以外國人買賣國內股票，會直接與外匯市場上的匯兌交易連結，如同直接影響匯率。

　　債券有期限。外國人持有的韓國債券期滿時，領到的韓元有可能再次用於購買債券，也可能不會繼續投資，而是兌換成美元離開韓國市場。如果這筆資金是用來繼續購買韓元債券，這筆資金就不會經過外匯市場，不會影響美元兌韓元匯率。所以在評估外國資本投資本國債券對匯率的影響時，外國人的債券淨匯入金額必須扣除到期還款的金額。為了區分淨匯入與淨匯入減到期還款的差異，我們稱淨匯入減

44　編按：台灣的外資的每日買賣超情況，可以查閱台灣證券交易所網站的三大法人買賣金額統計表。金融監督管理委員網站每月會發布外資流入和流出的新聞稿。

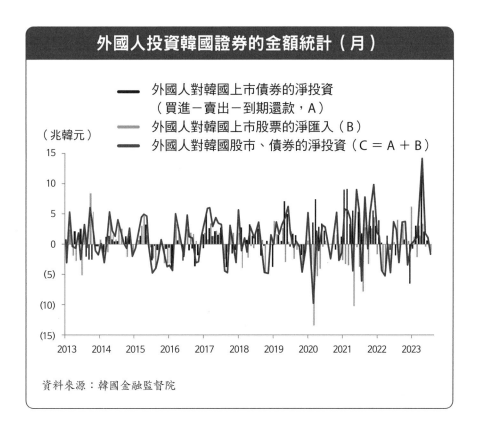

外國人投資韓國證券的金額統計（月）

── 外國人對韓國上市債券的淨投資
　　（買進－賣出－到期還款，A）
── 外國人對韓國上市股票的淨匯入（B）
── 外國人對韓國股市、債券的淨投資（C＝A＋B）

（兆韓元）

資料來源：韓國金融監督院

到期還款為淨投資。如果外國人持有的韓元債券到期，外國人將這筆資金用來投資其他韓元債券，其實只是把資金從 A 債券移動到 B 債券，不會影響對韓國投資的總金額，也不會經過外匯市場。

　　不過，外國人對匯率造成影響的途徑不是只有實物資本的流出與流入，就算沒有實物資本的流動，也會有單純押注匯率上升或下降的資本進出。只要有高額的資金集中交易，就會造成匯率變動。不僅如此，押注匯率上升或下降的投資勢力並非只有外國人，參與外匯市

場的銀行交易員也是專家，能發揮帶動市場的作用，主導匯率變化。
銀行有專門進行外匯交易的交易員，目的不是為了買賣國外股票或債
券，而是猜測匯率在短時間內發生變動的方向。因此，如果完全只用
外國人的資本流動來解釋匯率變化，會顯得過於牽強。

　　排除投機性質的外匯交易，如果要討論影響美元兌韓元匯率的外
匯市場供需，除了外國人的資本流動之外，也必須考慮韓國資本的對

資料來源：韓國銀行

外投資與經常帳。若將這裡提到的所有變數與美元兌韓元匯率進行比較，可以得到如下結果。

　　上頁圖 Y 軸是美元兌韓元匯率的反序排列，愈往上表示韓元走強（美元走弱）；C 代表外匯市場的供需，反映了經常帳與資本流出／流入的情況；B 代表經常帳，當經常帳餘額為順差（＋），這是韓元走強的原因；A 代表淨資本流出，當淨資本流出為正數（＋），表示韓國的海外投資高於外國人對韓國投資。韓國資本進行海外投資時必須買入美元，會造成匯率上升，因此設定 C ＝ B － A。

　　上頁圖呈現出外匯市場的供需變化，但是這裡的供需只計算了經常帳與實物資本，並未包含只在短期猜測匯率變化方向押注的資本，這一點必須留意。

新興國家的貨幣為何長期疲軟

　　我在本書的第一篇已說明過物價與匯率的關係，簡單來說，長期處於高通貨膨脹的國家，其貨幣會相對處於弱勢。

　　新興國家的通膨常高於已開發國家，主要原因在於新興國家的基礎設施不足，資源使用缺乏效率，而且生產力偏低。如果新興國家是高成長的國家，生產力成長率高於薪資上漲率，通膨就會降低，這時就算業者不提高產品售價，因為生產力很高，能生產更多產品，由此產生的利潤也足以因應薪資調漲。

世界上因為發生高通膨，導致本國貨幣價值相對於美元長期貶值，也就是美元匯率長期上升的貨幣有阿根廷披索（ARS）、巴西里爾（BRL）、土耳其里拉（TRY）等。

相反的，在高成長的新興國家，例如：越南，通膨相對不高。越南是開放的小型經濟體，有許多外國企業投資，工業化速度相對較快，生產力也快速提升。可惜越南的本土企業不是帶動越南經濟成長的火車頭，越南之所以會發展是因為外國企業，這是越南政府必須思考的問題。

不過就算是經濟高成長的新興經濟體，依然有一些國家的農業比重很高。如果一國的農業比重過高，生產力就會降低，貧窮率的改善速度也會減慢。

當一國的貨幣長期處於貶值，許多時候是因為該國的通貨膨脹相對高。

典型的匯率風險管理，遠期外匯

如同我在第一篇提過，金融的其中一項神奇功能是連結現在與未來進行交易，讓資金搭上通往未來的時光機。最單純的衍生性金融商品——遠期外匯也有這種神奇的作用。

遠期外匯在某些韓國的財務書籍會稱為貨幣先到（forward），是很韓式的說法，不過在實務上，遠期外匯一詞比較普遍使用。

企業運用遠期外匯的目的是對沖進出口貿易時的匯率風險，遠期

外匯在希望的到期時間，以當前認為公平的匯率進行交易，避免未來的匯率發生變動。舉例來說，A 公司在美元價格為 1,200 韓元時賣出商品，為了避免三個月後買方應付款時發生匯率下降，因此利用遠期外匯交易，現在就約定好三個月後的賣出匯率。

但是，如果 A 公司決定的三個月後賣出匯率與當前的匯率不同，理論上是取決於美元與韓元之間的貨幣利差，實際上則是受市場的供需影響，理論與現實上存在一定的差異。到期時的匯率稱為遠期匯率（forward exchange rate），現在市場上的匯率則稱為即期匯率（spot exchange rate），遠期匯率與即期匯率的價差稱為換匯點（swap point），即期匯率與換匯點的比率則是換匯率（swap rate）。在銀行的交易室裡，換匯點一詞比換匯率更常用。

透過匯率風險管理進行的遠期外匯交易，在會計上會產生新的部位（position）。利用出口貿易獲得美元的企業是賣出債權（應收帳款）與遠期外匯（賣出）部位，因為匯率會出現反方向的評價損益，所以能對沖賣出債權產生的大部分匯率風險。相同道理，為了從事進口貿易而需要美元的企業，則是買入債務（應付帳款）與遠期外匯（買入）部位，利用匯率發生反方向的評價損益，對沖在買入債務時產生的大部分匯率風險。我之所以會說只能對沖「大部分」匯率風險，是因為如同前面對遠期匯率與即期匯率的說明，貨幣利差與市場供需對匯率的影響不一致。

下個單元繼續介紹遠期外匯交易、換匯換利交易與換匯交易。

遠期外匯交易、換匯換利交易、
換匯交易有何不同？

企業常用的衍生性金融商品之中，與外匯市場連結的有遠期外匯交易、換匯換利交易（CCS，cross currency swap）及換匯交易（FX Swap，foreign exchange swap）。

我還記得第一次接觸換匯交易的時候，因為字面上跟換匯換利交易很像，丈二金剛摸不著頭腦。換匯交易是由現在的即期外匯與未來的遠期外匯成對組成，即期外匯交換貨幣的方向剛好與遠期外匯相反。

假設從事出口貿易的 A 公司想把手中剩下的美元兌換成韓元，採取換匯交易。如果 A 公司現在把美元交給銀行匯兌成韓元，這是即期外匯（現匯）交易。假如 A 公司希望這筆換匯交易契約的到期日是一年，那麼 A 公司在把美元交給銀行兌換成韓元的時候，還會再簽訂一份契約，約定一年後把韓元還給銀行，重新拿回美元，這是遠期外匯交易。換句話說，A 公司進行的資金交易是以美元作為取得韓元的代價，到期時利用反方向的交易結清部位。

何時可以利用這種交易呢？B 公司從事日本出口貿易，在日圓價格長期下跌的時候，B 公司會延遲賣出日圓。因為 B 公司如果沒有立刻需要使用韓元，不急著立刻賣出持有的日圓來取得韓元。B 公司認為，未來這一年內日圓的價格應該會上漲，只是不知道確切時間，然而，持有太多不會生利息的日圓，在資金的運用似乎沒有效率。

這時候的 B 公司就能採用換匯交易。如同前面 A 公司的例子，B 公司可以在資金市場向銀行進行以日圓換取韓元的交易（即期外匯），同時簽署一年後進行反方向交易，退還韓元取得日圓的合約（遠期外匯）。如此一來，在這一年內，B 公司可利用期初取得的韓元辦理定存賺取利息，或者作為資金加以運用。

這種在一年到期時歸還韓元取得日圓的合約，在到期之前可以更改。原本的合約是有效的，但是合約內容並非完全無法調整。如果 B 公司在期末依然不想拿回日圓，可以在到期之前結清差額。特別是在日圓兌韓元匯率如預期上升，而且高於原本簽訂的遠期外匯匯率，B 公司在到期之前可透過提前交割實現利益。

假設 B 公司欲提前交割的時候，市場匯率上升到 1,000 韓元；簽約當時的即期匯率是 900 韓元，一年後約定的遠期匯率是 940 韓元。依照剩餘的權利與義務關係，若 B 公司用約定的韓元金額（940 韓元）取回日圓，再以市場匯率把日圓賣給銀行，就能得到 1,000 韓元。結算差額則是 1,000 韓元與 940 韓元的差額，看似提前結束這筆交易。我這裡會說「看似」是因為遠期匯率已不再是 940 韓元。只要到期時間改變，依照時間調整的遠期匯率也會改變。假設縮短期限（不再是一年）的遠期匯率是比 940 韓元低的 930 韓元，那麼，交易提前結束，交割的差額是 1,000 韓元與 930 韓元的差額，等於 70 韓元。

這麼做是用簽約當時的即期匯率 900 韓元賣出日圓，然後在提前交割時多得到 70 韓元的差價，等於賣出日圓的時候總共獲得 970 韓

元。結果雖然跟市場匯率 1,000 韓元還有 30 韓元的價差，這 30 韓元相當於拿韓元當作資金運用時（例如定存）所產生的利息。

　　不過，換匯交易不代表企業能在財務上獲得利益。企業如果不進行換匯交易，直接持有日圓一段時間，等匯率上升到 1,000 韓元的時候才在市場上賣出日圓，也會跟利用換匯交易取得韓元作為資金，因而產生 30 韓元利息、賺得 70 韓元價差的結果一樣。

　　既然如此，遠期外匯交易、換匯換利交易、換匯交易有什麼不同呢？首先，換匯換利交易與換匯交易的差異在是否有定期支付／獲得利息。換匯換利交易是在到期之前會定期交換利息，換匯交易則沒有定期交換利息，但是能在到期之前調整即將交換貨幣的遠期匯率。簡單來說，換匯換利交易與換匯交易的差別在於中間是否有支付／獲得利息。

　　遠期外匯跟換匯交易的差異又是什麼？在換匯交易之中排除了即期外匯，就是遠期外匯。企業跟銀行進行交易時，可以排除即期外匯，進行遠期外匯交易；在換匯換利交易之中，如果不想進行即期外匯交易，簽約時也能跟銀行協商省略這個部分，就會剩下定期的利息交換與到期時的本金交換。

　　看到這裡，大家應該多少有些感覺了吧。那麼，在換匯交易之中扣除即期外匯的遠期外匯，是否會等於換匯換利交易之中扣除即期外匯之後，剩下的利息兌換金額與期末本金匯率的總和？

　　這幾項關係請見下頁圖。

　　假設現在是 202X 年 1 月 1 日，本金是 1,000 美元，即期匯率為

1,200 韓元，美國利率是 2％，韓國利率是 5％。從事進口貿易的 C 公司跟銀行簽署一年後到期的遠期外匯交易及換匯換利交易。這兩項交易一年後的現金流量是否相同？

　　遠期匯率理論上是依照利率差決定，亦即 1,235 韓元。假設換匯換利的利息在期末一次付息交換，C 公司領取的本金加利息是 20.28 ＋ 1,000 美元；20.28 美元是由 1,000×2％ ×365 ／ 360 計算而得，乘以 365 ／ 360 是金融業的計息慣例。另一方面，C 公司支付的本金與利息總和是 60,000 ＋ 1,200,000 韓元＝ 1,260,000 韓元。C 公司在

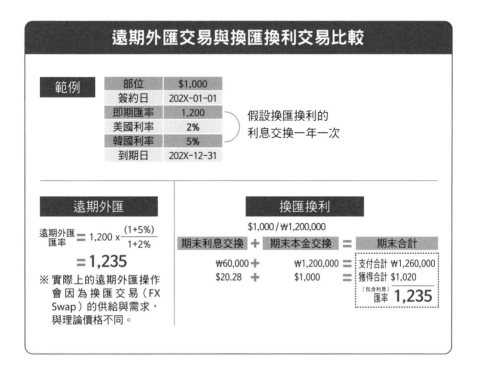

遠期外匯交易與換匯換利交易比較

範例		
部位	$1,000	
簽約日	202X-01-01	假設換匯換利的
即期匯率	1,200	利息交換一年一次
美國利率	2%	
韓國利率	5%	
到期日	202X-12-31	

遠期外匯

$$\text{遠期外匯匯率} = 1,200 \times \frac{(1+5\%)}{1+2\%}$$

$$= 1,235$$

※ 實際上的遠期外匯操作會因為換匯交易（FX Swap）的供給與需求，與理論價格不同。

換匯換利

$1,000 / ₩1,200,000

期末利息交換	＋	期末本金交換	＝	期末合計
₩60,000	＋	₩1,200,000	＝	支付合計 ₩1,260,000
$20.28	＋	$1,000	＝	獲得合計 $1,020

（包含利息）
匯率 **1,235**

這裡取得美元金額與支付韓元金額的比例，就是貨幣交換的匯率，也就是 1,235 韓元。由此可知，理論上的遠期外匯交易與換匯換利交易在經濟上有相同的實質意義，只是交易型態不同。

| 第9堂課 |

面對選擇的問題，
美元是否為最佳解？

跟外國企業交易時，本國業者從匯率的角度會出現一些問題，這裡雖然無法一網打盡，我還是提出幾項跟大家一起討論。

企業與個人看匯率的觀點差異

大家想像一下，假如我們的潛能突然被喚醒，而且還非常好運，可以自己當老闆創立公司，成為進軍國際的新創企業，因為公司有賺錢，於是想用這些錢進行個人投資，眼光又剛好被美元吸引。請問匯率對企業家及散戶投資人的意義是否還是一樣？

企業家會關心匯率走勢，散戶投資人、高淨值人士也都會關心匯率，但是基本上企業與個人的立場不同。

對企業而言，匯率是經營事業無法避免的風險，個人卻能選擇要不要有風險。舉例來說，假設美元價格現在處於很低的水準。當美元價格處在低水準的時候，只要投資人認為美元價格遲早會上漲，投

資人就可能投資美元。不僅如此，投資人還可以一邊尋找其他投資標的，甚至等匯率下降到更吸引人的水準再投資，不必立刻做出決定（如果能在低價先買進少部分美元，從資產組合分配的角度是比較好的方式）。

此外，個人不會經常進行美元等外幣的投資，也不會經常投資以外幣計價的資產。因為交易的次數較少，相對比較容易出現大額交易。相對之下，匯率是企業每天從事進出口貿易的風險，每一筆交易的金額不見得都很高，可能偶爾才會有大額交易。

個人雖然有很多選擇，通常只要投資之後，選擇範圍就會縮小，剩下該何時賣出的問題，所以在投資時必須非常慎重，不能操之過急，得確定沒有其他更好的替代方案，思考是否該再等一等。

我在這本書的第一篇與第二篇已經針對個人投資的立場詳細說明過，所以在這個單元裡，我只會談企業的立場。企業面對的匯率風險來自於計算產品銷售的營收及銷貨成本。營收（銷貨成本）的風險計算是以貨幣暴險（exposure）的金額乘以匯率。

企業如果要降低風險，不能只考慮匯率，因為風險不只存在於匯率，應收帳款、應付帳款同樣都有貨幣暴險。此外，來自於匯率波動造成的風險也不是每次都能成功降低，大家別忘了，預測未來是屬於神的領域。但是貨幣暴險如果得以降低，剩下的風險就會減少。單筆交易的金額愈大，愈會有機會成本的問題，所以一次進行大額交易不是好的選擇。

我接觸過很多從事進出口貿易的企業，幾乎每次都會聽到「該何

時賣美元或買美元？該何時買或賣其他外幣？」的問題。總歸一句，這些業者都在煩惱如何掌握最佳時機，並不是煩惱該如何降低風險。

我認為企業的經營者必須改變心態，與其執著於尋找最佳時機，倒不如立刻減少一些貨幣暴險，接下來再煩惱剩餘的資金該如何處理。

如果必須選擇支付的貨幣

企業跟供應商或客戶交易時，有時候必須選擇支付的貨幣。根據韓國銀行統計，2022 年美國占韓國的出口比率雖然只有 16.1％，但美元占韓國出口的支付幣別竟高達 85.0％，顯示韓國企業除了跟歐洲、日本的交易之外，大部分都是使用美元。如果再看歐洲、日本占韓國的出口比例，並且與韓國企業使用歐元、日圓支付的比例進行比較，甚至可以發現使用歐元、日圓付款的比例只占其出口的一半。

中國占韓國的出口比率約 22.8％，但是以人民幣支付的比率僅 1.6％，表示韓國企業與中國企業進行國際貿易時，一樣選擇使用美元。

這樣說來，從事國際貿易的業者是否應該盡量使用美元支付呢？要回答這個問題，必須先從全球貿易說起。

像可口可樂（Coca-Cola）、Nike 這一類的跨國企業，進軍世界各地的國家，韓國頂尖的大企業大概也有進軍七十多國市場。企業進軍國際在當地產生的營收是以該國的貨幣計算，例如：在墨西哥賣出

產品會收到墨西哥披索、在土耳其賣出產品會收到土耳其里拉、在加拿大賣出產品會收到加拿大幣（Loonie）。有些貨幣會升值，有些貨幣會貶值，貨幣的價值是相對的，到底是美元強勢還是韓元強勢，必須要相互比較才能得知。貨幣的價值無法像股價或利率，有一個絕對數字可以表示。

因此，企業在有些國家會因為匯率波動產生損失，在有些國家則會因為匯率波動獲得利益，有賺有賠互相抵銷。換句話說，企業用來結帳的貨幣種類愈多，愈能因為匯率波動造成的損失與獲利相互彌補，使整體的匯率風險降低。因此，最簡單的匯率風險管理就是分散貨幣。

回到前面的問題，這裡應該有結論了。從事國際貿易的業者是否應該盡量使用美元支付呢？答案是：否，不是盡量使用美元支付，當然也不是全部都用其他貨幣支付。最好的方式是分散支付的貨幣種類，例如：在與中國企業交易的時候，如果能選擇用美元或用人民幣，應該是兩種各使用一半；在與歐洲企業交易的時候，如果能選擇歐元以外的其他貨幣，應該不要全部都用同一種貨幣，而是同時使用歐元與其他貨幣。

這個方式並非只適用在國際貿易的出口，因為匯率風險也會發生在從事進口貿易的企業，業者在選擇支付幣別的時候，應該盡量利用不同種類的貨幣分散風險。

跨國企業的海外借貸，美元是否為最佳選擇？

　　韓國能躋身已開發國家之列，積極進取的民間企業扮演著重要的角色。企業勇於冒險，持續發展新事業、開拓新市場，很早就開始布局越南、印度等新興國家，持續締造成功的故事。

　　進軍海外的企業難免在當地也會有資金需求，必須辦理貸款，這時候應該用美元貸款？還是用當地的貨幣貸款？

　　我曾經應韓國大企業的邀約，為該公司即將派駐海外的幹部舉行一場講座，當時我以墨西哥為例，請在場的學員一起動腦思考。第一位發表意見的學員認為，韓國企業設在墨西哥的據點若有資金需求，應該要用美元申請貸款，畢竟「同樣的價格，當然要選最好的」，選擇用美元貸款總不至於太差。聽到這樣的回答我並不意外，因為舉辦講座的時候，美元利率還不到墨西哥利率的一半水準，甚至還更低。

　　但是大家不該把低利率當作選擇貸款幣別的優先條件。匯率風險管理的基本原則是讓流入的貨幣與流出的貨幣一致，也就是企業不能去甲國發展，卻用乙國的貨幣辦理貸款，就算美元是國際準備貨幣，也無法降低匯率風險。

　　企業已經在墨西哥發展，在當地銷售會賺到披索，所以支出的貨幣也要用披索，才能降低匯率風險。如果在當地有資金需求，利用在當地銷售能穩定獲得的當地貨幣進行貸款，也能減少不必要的匯兌風險。

　　辦理貸款的當下美元利率雖然很低，流動性也很高，但是萬一將

來要還款的時候美元大幅升值，會讓有美元債務的企業陷入難題。所
以借入當地的貨幣，才能預防不必要的匯率風險。

附錄
寫給投資人：投資成功是憑實力還是運氣？

　　巴洛克時代的義大利作曲家安東尼奧・韋瓦第（Antonio Vivaldi，1678 ～ 1741）與早期的浪漫樂派德國音樂家菲利克斯・孟德爾頌（Felix Mendelssohn，1809 ～ 1847）都是歷史上頗負盛名的音樂家。經過了幾百年，如果他們還在世，是否依然能成為現代享譽國際的音樂家？

　　由春、夏、秋、冬組成的小提琴協奏曲〈四季〉（Le quattro stagioni）是韋瓦第最知名的作品，原本成就非凡的音樂生涯，在1737 年出現轉折。當時韋瓦第投注心血、籌備多年的歌劇被取消表演，破產再加上運氣不好，晚年十分淒涼。韋瓦第死後逐漸被大眾遺忘，直到兩百年後，才又獲得世人的關注與稱頌。貝多芬（Ludwig van Beethoven）與莫札特（Wolfgang Amadeus Mozart）的際遇也很類似，當時許多音樂家的生活都很悲慘。

　　現在每逢婚禮就會聽到的〈結婚進行曲〉（Hochzeitsmarsch）是孟德爾頌的作品。孟德爾頌出生在富裕的猶太人家庭，有結婚，家庭幸福、平安順遂，可惜孟德爾頌英年早逝。

　　韋瓦第和孟德爾頌有著不同的命運，難道是實力造成？還是因為

運氣？如果用現代人的角度來看，他們的實力毋庸置疑，一切只能怪罪運氣。運氣雖然讓他們有截然不同的人生，但是同樣身為音樂家、作曲家，兩人的實力絕對毋庸置疑。

　　運氣對投資人生很重要，但是投資的成敗到底該歸因於運氣還是實力，答案很難界定。

動動腦

　　⑴ 我比同年紀的朋友晚出社會，當時韓國的股票市場非常熱絡；在爆發全球金融海嘯前的 2001 年至 2007 年，韓國股市在全世界很受重視。2000 年底 KOSPI 指數是 504 點，2007 年中首次衝上 2,000 點，尤其在 2001 年至 2005 年間，KOSPI 指數年增率都高於美國、中國、歐洲、日本等主要國家，獲利率總是領先。因為如此，當時就連剛入社會的新鮮人，也有許多人想投資韓國股市；那段期間中國股市也非常熱絡。

　　上漲的股票很多，市場也幾乎全面紅盤，很多人嘗到甜頭，聊股市的人也變多。當時有賺到錢的投資人是因為很有實力？還是單純運氣好呢？

　　⑵ 如果一般人有機會和足球選手孫興慜（Son HeungMin）一對一踢球，除了能與足球明星同場較勁是無比榮幸，可想而知，一般人絕對會輸，輸的機率 100％。換個方式，如果是和孫興慜比賽猜拳，比賽就會比較公平，一般人也有一半的機率會贏。如果是和網

球選手羅傑‧費德勒（Roger Federer）或諾瓦克‧喬科維奇（Novak Djokovic）比賽打網球，結果肯定同樣 100％ 會輸，但是如果和他們比賽丟銅板猜正反面，一般人一樣有一半的機會能贏。

實力可以決定結果，在某些領域能發揮絕對的影響力；但是在某些領域，勝負完全只能靠運氣。

比賽丟銅板猜正反面就是得完全靠運氣，但是在大多數的領域，必須同時有實力、也有運氣。有些領域是實力的影響力大，有些則是運氣的影響力大。舉例來說，在取得證照的資格考試裡，應試者大都可以憑藉實力決定考試結果。但是我或我的子女（以下統稱為我們）都能從名校畢業的機率有多高？

仔細想想，我們如果都要從名校畢業，可能需要比較多好運。首先，我們必須要有很好的家庭環境，也要住在很好的學區，才能增加進入名校就讀的機率。如果我們在青少年時期突然遇到家道中落，會讓心理上、物質上承受不小的壓力，無法專心於課業，甚至必須一邊打工才能溫飽，這樣就比較不容易進入名校。就算靠著不屈不撓的毅力渡過難關，抓住渺茫的機會進入名校，接下來恐怕還是有打工賺學費的問題，無法跟其他同學過一樣的大學生活。

我們出生在這個時代、出生在韓國也是一種運氣。想想看，我們可能出生在美國家庭，也可能出生在非洲的貧窮國家，或者出生為緬甸的羅興亞人（Rohingya），成為少數民族遭受迫害，也可能出生在朝鮮時代末期，當社會地位最低的賤民，也說不定我們會出生為貓、

袋鼠、山豬，被人類用箭射死。所以到底哪部分需要實力、哪部分需要運氣，很難做明確的區隔。

投資股票或投資美元，需要的是實力還是運氣？這就要看情況。雖然我們很有實力，具備了非常高水準的專業知識，如果只從事短期投資，運氣還是會占比較大的部分；若是從事長期投資，運氣的影響程度就會減少很多。從 1994 年初到 2021 年底，美國標準普爾（S&P）五百指數在這二十八年期間幾乎成長十倍，甚至在 2021 年底至 2022 年初達到歷史新高。如果手上的股票能一直持有到這個時候，不管是在何時買的，都能賺到錢。但是這段期間內有超過 7,000 個交易日，其中只有 53％是盤中價格高於前日收盤價，幾乎跟 50％沒有差異，等於只要有一天漲，就會有一天跌。換句話說，單看個別交易日的漲跌，其實跟丟銅板猜正反面差不多。乍看之下大家可能覺得，就算是在這二十八年內每天買進賣出，還是會有將近十倍的獲利，但是大家忽略了一點，被交易手續費吃掉的獲利比想像的高。加上愈是頻繁買進賣出的投資人，愈容易受情緒影響，長期下來賺到的平均獲利恐怕不高。

那三星電子——韓國最有代表性的股票如何呢？三星電子的股價從 1994 年初到 2021 年底大約上漲了 127 倍，但是在這期間，只有 51％的交易日是盤中價格高於前日收盤價；獲利率最高的年度則是 1999 年，一年內股價漲了 3.42 倍（獲利率 242％）。但是 1999 年三星電子股價上升的天數只有 50％，等於在 249 個交易日中，只有 125 天是股價上漲。再優質的股票也會有漲幅差異，每天股價上漲的機率

則不會偏離 50％太多，這在告訴大家，每天的股價漲跌跟丟銅板猜正反面幾乎沒有不同。不論是多好的績優股，只要投資的時間短，偶然、運氣占的成分就高；一天內買賣好幾次的短線投資人，交易手續費就更多。衝動進場的交易次數愈多愈難獲利，投資美元也是如此。

　　另一方面，不論是前面提到的標準普爾五百指數或三星電子股票，現在回頭看，總覺得要做選擇很容易。其實這是一種錯覺，屬於心理陷阱中的倖存者偏差（survivorship bias）與後見之明偏誤（hindsight bias）。

　　「失敗者都是沈默的。」

　　這是倖存者偏差點出的問題。利用投資股票賺大錢的人，通常投資了很多不同的股票，其中一定有一些賺、有一些賠，但是他們永遠只聊有賺錢的部分。失敗的人通常不會告訴別人自己失敗，成功的例子總是流傳得特別快，別人還會幫忙加油添醋，成為大家羨慕的對象。當大家把視線集中在倖存者身上，這就是所謂的倖存者偏差。

　　後見之明偏誤是在知道某件事情的結果之後，說得好像事先已經預測到結果一樣。人不太容易有先見之明，有後見之明卻很簡單。後見之明就是吹噓，是人人都容易掉入的心理陷阱。不管是現在的美國科技股或三星電子，又或者是 2023 年夏天突然成為 KOSDAQ 人氣股的 EcoPro[45]，「如果我當時有買……我那時明明有想過要

45　譯註：EcoPro 是韓國的中小企業，主要發展電動車電池材料。

買……」這些都是知道結果以後才有的想法。平心而論，那些都是我們很難早早就買入的股票吧！說穿了，在那個時間點，我們根本沒有意識到該買那支股票，或對那支股票根本沒興趣。

假設我們真的在很久以前買了三星電子的股票，從那時候到現在，已經過了快三十個年頭，大部分的投資人在這段期間，早就因為擔心股價下跌，在有賺到錢的時候脫手了；賣掉之後又買，買了之後又賣的人一定也很多。從一開始買進之後從來沒有賣出，一直保留到現在的投資人大概寥寥無幾。我相信一定有人在 1989 年日本股市接近泡沫化之前決定買進，也一定有人在 2020 年底買進在香港上市的中國科技公司股票。現在都知道結果了才回頭評論，這就是後見之明偏誤。

在我們聽到的成功投資人或投資成功的個案裡，有可能是運氣的成分居多，只是當事人沒讓大家知道運氣扮演多大角色，故意營造出有實力就能成功的形象。難道這些人真的都只靠實力就成功了嗎？但是這部分不容易證明。

一位成功的投資人，他的成功到底是靠實力還是靠運氣，很難明確界定，就連當事人也分不清。不過如果該投資人用了很長時間來證明成功，我們就該認為他很有實力。假如這個人從年輕就開始投資，到了八十多歲還是成功的投資人，這個人就算是值得信賴。如果是中年的成功投資人，一開始就出生在資金富裕的家庭，又剛好活在韓國經濟高成長的年代，這兩個條件或許就能決定他是否能成功。當然也有許多情況是靠自己的努力與實力成功，只是大家很容易小看運氣扮

演的角色。

千萬不要輕易被偶然欺騙，身為投資人更要特別注意。在股票市場上，如果是在一片紅盤股價上漲的時候，就算是新手投資人也很容易賺到錢。一個投資人是否有實力，必須用長期的成果判斷才有意義。

檢測我的投資人生是靠實力還是靠運氣

散戶投資人往往不是與時間賽跑，而是與時機賽跑，反正又不一定可以獲利，與其經過漫長等待，倒不如追逐眼前的利益。這種想法讓散戶投資人傾向於利用買進、賣出賺錢，而不是做長期投資。而且我們的視線容易被眼前的大樹吸引，不容易看見整片森林，所以偏好投資個股，而不是投資指數。但是投資專家從來不會這樣投資。

投資人若不是累積了某種程度的投資經驗與知識，有著堅定的長期投資哲學，否則可能針對單一股票，試圖買賣獲利。大部分的投資人偶爾能在這個過程有成就感，但是最後還是會因為失望而離開市場。這些人沒有得到教訓，只是覺得「大概是我沒有投資天分，跟股票市場不合」。投資專家建議投資人「應該依照大盤指數分批進場做長期投資」，但是大多數的投資人都聽不進去。

該如何突破這種矛盾呢？

如果我在兩家證券公司分別開戶，在兩邊用完全不同的方式投資，結果會比較好嗎？作法就是把資金分成兩半，一半放在 A 證券

公司的帳戶，隨心所欲地買賣；另一半放在 B 證券公司的帳戶，依照大盤指數分批進場，但絕對不購買槓桿型的指數商品，且十年內絕對不動用 B 證券公司的帳戶，也不查損益，必須設定成自動分期下單。經過很長的時間（至少十年）之後，比較 A 帳戶與 B 帳戶的投資成果，自然就會有所體會。

這兩個帳戶展現的餘額差距，就是我的投資實力，而不是運氣。

除了用一個放十年以上的帳戶來比較，難道沒有能在短期內就檢驗出投資實力的方法？成功投資的基本條件是時間與獲利，兩者缺一不可。但是大部分的散戶投資人容易忽略時間，只汲汲於獲利。我必須這麼說，如果能在短期就賺到錢，不必追究到底是運氣還是實力，因為絕大多數一定是運氣。依我之見，十年還稱不上長期。

如何把投資大神的建議內化成我的知識

大家都怎麼期許自己成功？

每個人的方法大概都不同。有些人會把沒有家世背景，卻年紀輕輕就事業有成的人當作偶像；有些人的偶像是經過歲月磨練，擁有投資哲學的大師級人物；還有些人沒有不切實際的投資大夢，但是會把偶像給的投資建議牢記在心。我特別想提出最後這一種人，因為投資成功絕對沒有捷徑。

回想我剛接觸投資大師的著作時，最先有的念頭不是我應該也能做得不錯，反而是有很多疑惑，納悶如何才能跟上大師的腳步，也想

知道是不是有什麼很厲害的公式可以套用。

　　問題在於，投資大師的書裡沒有明確寫出真正想對投資人傳遞的訊息，只是建議一般投資人最好要採取不同的作法。華倫・巴菲特（Warren Buffett）、查理・蒙格、菲利普・費雪（Phillip Fisher）的價值投資法、瑞・達利歐（Ray Dalio）的資產配置投資，內容雖然都不太一樣，但是對一般投資人傳遞的訊息還是有共通點，例如：建議一般投資人絕對不要追求「市場時機（market timing）」（巴菲特也不會追求市場時機）。但是這種類型的建議太空泛，一般投資人根本聽不進去。

　　那些大師們所經歷的過程，顯然不是普通大眾可以輕易模仿的。除非你是極少數能夠像全職投資者一樣把全部精力投入到投資過程的專業投資人，否則你應該聽聽他們給普通投資人的建議，而不是模仿他們。簡單來說，巴菲特、蒙格、費雪這些大師級的投資人物，在投資特定企業之前，會非常仔細地分析這家公司，對公司了解的程度不亞於該公司老闆，最後才決定是否投資。如果他的成功看在你眼裡覺得非常容易，好像有什麼密技、特別的捷徑，不用覺得奇怪，一般人對大師的著作覺得疑惑是很正常的事。

　　只要不是短暫的成功，而是基於長期成果備受推崇的大師級人物，他們都會用不同的角度、勤勉不懈、無情的挖掘投資目標的事業成果、獲利性、競爭優勢、企業文化、勞資關係、經營團隊的心態、經營團隊是否優秀、競爭者如何看待這家企業……等。換句話說，就是深入了解投資目標，絕對不放過任何細節，而且只投資已經完全掌

握的目標。投資大師選擇投資目標的門檻很高，類似學生時代，為了想讓考試成績排名全校第一，必須在考前有滴水不漏的準備（對投資目標有獨特的調查與分析），然後才進考場應考。萬一沒有做好滴水不漏的分析，他們就不會把全部的資金投資在特定股票。然而，一般投資人很難跟投資大師一樣投入這麼多心力，也因為這個問題，即便大師們自己採取集中投資的策略，卻不會建議一般投資人學自己集中投資，反而是建議大家應該依照大盤指數分批進場。

所以投資大師的心態才是一般投資人應該注意的部分，而不是花心思去鑽研大師的方法論。投資大師也不是一開始就在成功的道路上奔馳，同樣經過了不停地嘗試錯誤、累積市場經驗，一步一步修正投資策略。這個世界上沒有永遠正確的魔法公式。

還有一點，假如我們非常注意心目中崇拜的投資大師，很容易只看到他的獲利率。但是要守住已經賺到的獲利，遠比賺錢還困難。

買彩券是做發財夢最簡單的方法。買一張彩券就可以實際體驗大家做發財夢的心情，可以買一兩次當作經驗無妨，萬一真的幸運中大獎，你就會發現現實與夢想的差距可不止十萬八千里。賺錢不容易，守財更困難。必須經過讓錢變多的過程，才會逐漸養成金融概念與財富管理的心態，這個過程需要時間。如果沒經歷這段過程，突然得到一大筆財富，不勞而獲的快感只能維持一段時間。因為沒經過煩惱與深思熟慮的選擇，沒有任何金融與財富管理的概念，就會缺乏維持、運用鉅款的能力，這筆錢很快就會消失殆盡。

雖說如此，也不是所有人只要經驗過讓錢變多的過程，就能成功守住這筆財富。但是完全沒有這個過程就獲得大筆的意外之財，十之八九都會輸光，甚至還會負債，淪落到比中獎前還潦倒的生活。運氣好的話或許能夠中頭彩，但是穩穩地守住這筆錢才是最困難的事。

人生跟這個道理沒有什麼不同。假設某甲是剛進公司的新進人員，一進公司就擔任執行長或層級很高的幹部。某甲一進公司就立刻領到高薪，內心肯定非常高興，但是某甲沒有擔任該職位應有的能力，可想而知，接下來在公司很難被尊重，也不知道該如何分派任務、交辦什麼工作。這個世界上，所有事情都要經過一定的過程才能有所收穫，這個過程必須投入時間，時間就是最好的解藥。

金融市場的心理學原理

對關心匯率、利率和股價的人來說，心理因素非常重要，所以我在這本書裡不斷地強調。不論是對已經投資股票、債券、美元的人，或是還沒投資但是即將投資的人，社會心理學都是直接影響經濟決策的背景，也會影響市場變化。

大家經常認為影響投資成敗的原因是市場變化，其實投資人的選擇與行動，才是真正決定成敗的關鍵。不論面對哪一種市場走勢，一定都會有成功的投資人。就像韓國有一句廣告詞：「炸雞不會胖，是我會變胖」，在投資的世界裡，**市場沒有做錯，是我自己選錯**。換句話說，投資失敗是因為投資人不理性的行為造成的。

　　不光是成功的投資人，如果看投資大師寫的書，裡面有一個共通點，就是讀起來像有啟發作用的自助書籍。富蘭克林‧坦伯頓（Franklin Templeton）、安德烈‧科斯托蘭尼（Andre Kostolany）、菲利普‧費雪、華倫‧巴菲特、查理‧蒙格等，這些備受投資人景仰的投資大師親自寫下的文章，或收錄大師名言的書籍都是如此。這些書的內容之所以看起來像是自助書籍，是因為他們用理性的心態從頭到尾完整分析，奉勸投資人別掉入心理陷阱。下面一起來看看投資人容易掉入的心理陷阱有哪些。

過度反應、態度消極

　　察覺壞事發生的預感，總是比發現好事來得強烈。在金融市場上，投資人對利空的反應也比利多敏感，這種現象能用進化論來解釋。古代人以狩獵、採集維生，對野獸、天災威脅較敏感的人相對容易生存。但是這種心理陷阱有時候不利於投資。

　　就算是經驗老到的投資人，面對過度反應、態度消極的心理陷阱，只要稍微不留意，隨時都會掉進去，更何況是平常面對事情態度保守、對風險較敏感的人，看市場的態度也會保守。實不相瞞，我個人也是比較接近這一類型。難道沒辦法克服？當然有，只要把市場預測和投資決策分離就行。

　　許多人把市場前景當作決策依據，依照市場預測的結果進行投資，認為大盤會上漲就立刻進場，認為大盤會下跌就立刻賣出，或用下注的心態反向操作。但是沒人能保證預測出來的市場前景絕對正

確，甚至連預測結果是否有 50％準確率都無法得知。投資人很用心傾聽專家的意見，但是專家只擅長分析過去與現在，沒辦法精準預測未來。這次預測對了，不保證下次一樣會正確。

所以，投資人只要能切斷這個連結，就能解決態度保守、消極的問題。換句話說，就算是用比較保守的眼光看待市場發展，投資還是可以樂觀進行，而且一定要這樣做才行！很多時候在過了市場最悲觀的時間點回顧過去，這才發現已經錯過了投資的最佳時機；認為現在市場表現已經很糟，不可能再更糟，於是投資了很多錢，沒想到大盤竟然跌得更深。這樣又該怎麼辦？

其實投資人不必特別去預測市場是不是最差，因為人類很難在前景悲觀的時候，控制自己的心情不受影響。此外，不應該在預測市場之後做出投資決策，應該要以儲蓄的心態投資優質資產，設定自動下單買進，隨時與市場保持一段距離。這個作法會是一個不錯的解決方式。

以偏概全、小數法則

在投資新手階段，尋找「模式」的誘惑很強烈。投資人認為只要能找出一個模式，之後就能輕鬆獲利。但是投資人找到的模式在前幾次可能有用，於是就會產生信心，不過時間一久便會發現，之前會賺錢其實是運氣好，模式對了也只是偶然，這就是所謂的小數法則（law of small numbers）。小數法則是對小樣本賦予過多意義，急於用少數的案例概括說明整體現象。這個世界上根本沒有哪一種模式總

是正確，就算有某幾次相符合，未來也不一定會繼續符合。

過度自信、控制偏誤（self control bias）

金融市場非常奇妙，身在其中總覺得自己應該能做得不錯。

你是重視時機（timing）的人，還是重視時間（time）的人？重視時機的人喜歡賭方向性，重視時間的人（知道要等待的人）是對優質資產押注。

重視時機的人，如果認為價格已經跌到谷底，就會押注價格即將上漲；如果認為價格已經達到高點，就會押注接下來會跌。押注的時間通常很短，有時候就算心裡不是非常賭定，還是會用僥倖的心態試一下。但是就算是優質資產，價格也不會永遠上漲。投資人如果對價格有過度樂觀的預測，一定會遇到價格下跌的時候，萬一市場爆出利空消息，大盤也可能全部一起下跌。所以把握時機跟丟銅板猜正反面沒有太大差異，結果一定不是漲就是跌。

相反的，重視時間的人懂得等待。優質資產必須經過一段時間才會展現價值，但是有一點必須注意，並非光有等待的計畫和等待的決心就足夠。如果缺乏理念和天分，這樣等待隨時都有可能失敗。

如果把這兩種類型的人放在一起比較，重視時機的人總是太過相信自己的能力（過度自信），不知不覺就誤以為自己能掌控一切。

不過，從一開始就重視時間的投資人很少，通常必須經過一定程度的學習與經驗累積，才能領悟只靠時機的投資不會成功，逐漸增強重視時間的意識。

成功者偏差、倖存者偏差

　　成功者偏差與倖存者偏差在前面的單元已經說明過了。成功的案例是因為他成功了，才會被大家流傳、景仰；如果他失敗了，一切過程都被埋沒。就算那次成功是運氣占比較大的部分，因為很難證明他的成功是靠運氣，大家容易忽視運氣的重要。

　　還有一點，絕對不要一味模仿成功者的作法。如果他們成功的主要原因是運氣，我們跟著模仿，失敗的機率會更高。

社會證據原則

　　社會證據在第一篇和第二篇都曾提過，金融市場的價格就是一種強烈的社會證據。均衡價格是經由價格機制，依照市場上的供給和需求自然達成，但是我們在無意識之中，會把市場價格看成是多數人的集體智慧。社會證據原則只要是在不確定的狀況下，有一群很類似的人存在就會發生。沒有人能保證社會證據是否正確，雖然市場價格通常是對的，偶爾還是會出現離譜（意外）的價格，這時候就是投資人的機會。

　　除了這幾項投資人該注意的心理陷阱，還有其他與金融市場及投資人有關的心理學原理，大家若有興趣進一步了解，我提供書單讓大家參考。

　　書籍與簡介如下：

(1)《快思慢想》[46]（ *Thinking, Fast and Slow*)，丹尼爾・康納曼（Daniel Kahneman）著

這本應該是投資領域最有名的書。作者丹尼爾・康納曼不但有心理學背景，還是諾貝爾經濟學獎得主，非常清楚投資人會遇到的心理問題。

(2)《鋪梗力：影響力教父最新研究與技術，在開口前就說服對方》[47]（ *Pre-Suasion: A Revolutionary Way to Influence and Persuade*)，羅伯特・席爾迪尼（Robert Cialdini）著

羅伯特・席爾迪尼是社會心理學家，以《影響力：讓人乖乖聽話的說服術》（ *Influence: The Psychology of Persuasion* ）一書聞名。席爾迪尼在《鋪梗力：影響力教父最新研究與技術，在開口前就說服對方》沒有直接談論金融市場，如果想找適合直接進場投資的智慧，可能會覺得這本書與投資無關。不同於《快思慢想》主要談論投資人的心理層面問題，《鋪梗力》是從金融市場的社會心理學原理談投資人可學到的教訓。我們之所以會把市場價格視為理所當然，是因為容易被市場價格的社會證據說服。

(3)《致富心態：關於財富、貪婪與幸福的 20 堂理財課》[48]（ *The Psychology of Money: Timeless Lessons on Wealth, Greed, and Happiness*)，摩根・豪瑟（Morgan Housel）著

46　譯註：本書由天下文化出版，譯者為洪蘭。
47　譯註：本書由時報出版，譯者為劉怡女。
48　譯註：本書由天下文化出版，譯者為周玉文。

　　如果一定要選出一本最適合成年人閱讀的金融基礎入門書籍，我想推薦這一本。這本書用淺顯的方式，對讀者傳達面對金融與投資應有的心態。這本書不該看過一次就丟，我建議大家反覆閱讀，直到能完全領悟作者想傳遞的訊息為止。

　　⑷《向巴菲特學管理：巴菲特寫給股東的信・經營管理篇》[49]（*Warren Buffett on Business: Principles from the Sage of Omaha*），華倫・巴菲特、理查・康諾斯（Richard J. Connors）著

　　這本書雖然是心理學方面的書，但是從巴菲特寫給波克夏海瑟威，（Berkshire Hathaway）股東的信，以及巴菲特在股東大會上提到的經營法則，可以了解巴菲特獨到的見解。

49　譯註：本書由財信出版，譯者為吳國卿。

後記

　　我的專長是匯率，在我的人生中轉換過幾次跑道，最後落腳在金融領域。念高中時，我因為討厭科學，原本想要選擇文組，在老師的勸說之下念了理組。上大學進了工學院才發現，我是真的來錯地方。大學生活經過幾次休學與復學終於畢業，費了一番工夫進入會計師事務所工作，過一段時間卻又發現，這條路也不是我想要的。雖然我在會計師事務所申請部門轉調，從審計部門換到稅務部門，還是覺得這裡不是我該停留的地方。

　　幾經煩惱之後，決定到外面開開眼界。當時正逢韓國政府導入會計制度，我應徵了某家公司的會計師職缺，該公司是隸屬於政府部門的機構，後來也收到錄取通知。正當我猶豫要不要接受這份工作時，恰巧看到銀行在招募交易室的交易員，我立刻就決定應徵，這條路意外帶我進入另一個世界。剛進銀行工作初期，我還在摸索一個會計師能扮演的角色，偶然發現我可以專門分析匯率。

　　雖然我在走到這一步之前，人生彷彿繞了一大圈，但是現在回顧過去，再次確認我天生就適合做這一行。我從小就很關心國際局勢，對心理學也很有興趣，一直夢想進入金融市場成為相關從業人員，礙

於覺得這個夢想似乎不太實際，所以不敢當作真正的生涯規畫，也沒有積極朝金融領域發展。沒想到我關心的事情與外匯市場簡直就是絕配，因為若要分析外匯市場的匯率走勢，一定要懂國際局勢，而且匯率走向也像市場心理一樣搖擺不定。如同我在附錄裡面經常提到的運氣，不得不承認我的運氣實在不錯，可以如此戲劇性地發現讓自己熱血沸騰的事情。

　　我想利用這個機會，向每天與我朝夕相處、同甘共苦的同事表示謝意[50]。首先是對我鼎力相助的金熙珍主任、權赫尚部長，以及充滿知性與感性的蘇載勇部長，非常謝謝你們。我也想問候在我心裡占有一席之地的碩敏，感謝其他新韓銀行（Shinhan Bank）的學長姐、學弟妹。如果再繼續感謝下去，擔心會讓沒被我點到名的同事難過，我就此打住，希望各位見諒。

　　我也要感謝熱情帶領讀書會的高麗大學（Korea University）申恩景教授、崔銀秀教授，以及已經退休的李尚龍老師、文奉莞老師、陳原順老師，恩師們的教誨我時時感念於心。此外，還要感謝幫這本書寫推薦文的金英益教授、孫海庸部長、吳建永部長、金端輞先生與金東柱先生。研究所畢業後，依然很照顧系友，成為大家精神支柱的林秉浣大哥，我也非常感謝。我也要對辛苦編輯這本書的李多顯先生說聲謝謝。

50　譯註：以下人名皆為音譯。

希望我的父母親能健健康康，哥哥一帆風順；感謝岳父熱愛閱讀的形象成為我的模範，希望岳母能早日康復。最後，我要感謝最親愛的承熙、承俊與承友，你們是我心裡永遠的愛。

2024 年 1 月

白釋鉉

參考資料

參考書籍

- 《One Summer: America 1927》（여름, 1927, 미국 : 꿈과 황금시대），比爾・布萊森（Bill Bryson）著，韓國烏鴉出版社（Kachi Publishing）。

- 《Pre-Suasion: A Revolutionary Way to Influence and Persuade》（초전 설득），羅伯特・席爾迪尼（Robert Cialdini）著，韓國21世紀書坊（Book21）。繁體中文版：《鋪梗力》（時報出版）。

- 《Influence: The Psychology of Persuasion》第1冊（설득의 심리학 1），羅伯特・席爾迪尼著，韓國21世紀書坊。繁體中文版：《影響力》（久石出版）。

- 《Money Changes Everything：How Finance Made Civilization Possible》（금융의 역사），威廉・戈茲曼（William N. Goetzmann）著，韓國知識的翅膀（KNOUP）。繁體中文版：《金融創造文明》（聯經出版）。

- 《Investment Fables: Exposing the Myths of "Can't Miss" Investments Strategies》（다모다란의 투자 전략 바이블），亞斯華斯・達摩德仁（Aswath Damodaran）著，韓國FN Media。繁體中文版：《打破選股迷思的獲利心法》（大牌出版）。

研究報告及網站

- U.S. Currency Education Program（https://www.uscurrency.gov/history）。

- 《Globalization, Market Power, and the Natural Interest Rate》，吉恩－馬爾克・娜塔、尼古拉斯・斯托弗斯（Jean-Marc Natal and Nicolas Stoffels）。

- 《2022至2070年NABO長期財政展望》（韓國國會預算政策辦公室）。

- https://www.imf.org/external/datamapper/Reserves_ARA@ARA/CHN/IND/BRA/RUS/ZAF。

一本書讀懂美元

作者	白釋鉉
譯者	陳柏蓁
商周集團執行長	郭奕伶

商業周刊出版部

責任編輯	林雲
封面設計	Bert
內頁排版	邱介惠
出版發行	城邦文化事業股份有限公司 商業周刊
地址	104 台北市中山區民生東路二段 141 號 4 樓
	電話：(02)2505-6789　傳真：(02)2503-6399
讀者服務專線	(02)2510-8888
商周集團網站服務信箱	mailbox@bwnet.com.tw
劃撥帳號	50003033
戶名	英屬蓋曼群島商家庭傳媒股份有限公司城邦分公司
網站	www.businessweekly.com.tw
香港發行所	城邦（香港）出版集團有限公司
	香港九龍九龍城土瓜灣道 86 號順聯工業大廈 6 樓 A 室
	電話：(852) 2508-6231　傳真：(852) 2578-9337
	E-mail：hkcite@biznetvigator.com
製版印刷	中原造像股份有限公司
總經銷	聯合發行股份有限公司 電話：(02) 2917-8022
初版 1 刷	2025 年 2 月
定價	380 元
ISBN	978-626-7492-99-4（平裝）
EISBN	9786267492987（EPUB）／ 9786267492970（PDF）

나는 달러로 경제를 읽는다
(Read the economy in dollars)
Copyright © 2024 by 백석현 (Paik Seokhyun, 白釋鉉)
All rights reserved.
Complex Chinese Copyright © 2025 by Business Weekly, a division of Cite Publishing Ltd.
Complex Chinese translation Copyright is arranged with Winnersbook
through Eric Yang Agency
ALL RIGHTS RESERVED

版權所有 · 翻印必究
Printed in Taiwan（本書如有缺頁、破損或裝訂錯誤，請寄回更換）
商標聲明：本書所提及之各項產品，其權利屬各該公司所有。

國家圖書館出版品預行編目(CIP)資料

一本書讀懂美元／白釋鉉著;陳柏蓁譯. -- 初版. -- 臺北市：城邦文
化事業股份有限公司商業周刊, 2025.02
224面 ; 17 × 22公分

譯自 : 나는 달러로 경제를 읽는다
ISBN 978-626-7492-99-4 (平裝)

1.CST: 美元　2.CST: 匯率　3.CST: 外匯市場　4.CST: 國際貨幣

561.74   114000340

藍學堂

學習・奇趣・輕鬆讀